LOCUS

LOCUS

LOCUS

LOCUS

touch

對於變化，我們需要的不是觀察。而是接觸。

a *touch* book
Locus Publishing Company
11F, 25, Sec. 4 Nan-King East Road, Taipei, Taiwan
ISBN 986-7600-66-5 Chinese Language Edition

DOES IT MATTER?
Information Technology and the Corrosion of Competitive Advantage
by Nicholas G. Carr

Septembr 2004, First Edition
Printed in Taiwan

IT有什麼明天？
作者：Nicholas G. Carr
譯者：杜默
責任編輯：湯皓全　美術編輯：何萍萍
法律顧問：全理法律事務所董安丹律師
出版者：大塊文化出版股份有限公司　e-mail: locus@locuspublishing.com
臺北市105南京東路四段25號11樓　**讀者服務專線：0800-006689**
TEL:(02)87123898　FAX:(02)87123897
郵撥帳號：18955675　戶名：大塊文化出版股份有限公司

總經銷：大和書報圖書股份有限公司　地址：台北縣五股工業區五功五路2號
TEL:(02)89902588（代表號）　FAX:(02)22901658
排版：天翼排版印刷股份有限公司　製版：源耕印刷事業有限公司
初版一刷：2004年9月

定價：新台幣250元

touch

DOES IT MATTER

IT有什麼明天？

資訊科技及
消失中的競爭優勢

Information Technology
and the Corrosion of
Competitive Advantage

前《哈佛商業評論》主編
Nicholas G. Carr
杜默 譯

目錄

序言

大論戰

隨著 IT 能力越來越強大、
規格越趨標準化和人人都買得起，
自然就從公司藉以領先對手的專屬科技，
變成所有競爭者共同擁有的基本科技。
換句話說，資訊科技已逐漸變成單純的生產因素，
亦即雖然它是競爭力所必備的商品投入，
但還不足以構成競爭優勢。

電腦應用在商業上業已經過五十多年，但它們對一般商務，尤其是企業表現的影響，我們還是不太了解。從廣義的層面來看，我們還不能精確地說，爲什麼歷經四十年的電腦化，仍然對產業生產力影響甚微，到了一九九〇年代中期，卻陡然變成美國生產力遽升的驅動力。我們也無法肯定地說，近期的生產力提升爲什麼分配如此不均勻，有些產業和地區因大力投資資訊科技（IT）而獲得提升，有些同樣花大筆錢在電腦硬體和軟體上卻又不然。

再看看個別的公司，影像就更加模糊了。資訊科技雖改變了公司執行許多活動的方式，但（起碼目前）還沒在企業組織的根本形態和規模上形成任何變化。它給少數公司帶來鉅大利益，甚至促成若干公司躋身業界龍頭的地位，但對大多數的事業而言，與其說它是意興遄飛的源頭，不如說是挫折與失望的根源。它讓很多公司得以大幅削減勞動成本和營運資金，但也導致經理人把現金投入帶有風險和誤導的構想，悲慘結局有時不免隨之而來。

簡單的說，要就IT對個別事業的競爭力與獲利力下個大致的結論，縱然不是不可能，可也難如登天。資訊科技已成爲最大宗的公司資本支出，也成爲幾乎所有現代企業流程的內在元素，但各公司的投資仍屬暗中摸索，對最終的策略或財務影響，完全沒有明確的概念上的理解。本書的宗旨就是要提升這種理解，提供商業和科技經理人，以及投資人和決策者一個新的觀點，了解科技、競爭與利潤如何交互為用。

我會從分析IT的特性、演化中的商業角色和以往的前例中，提出IT的策略意義並不像很多人所宣稱或推測的那樣水漲船高，反而是在逐漸消褪中。隨著IT能力越來越強大、規格越趨標準化和人人都買得起，自然就從公司藉以領先對手的專屬科技，變成所有競爭者共同擁有的基本科技。換句話說，資訊科技已逐漸變成單純的生產因素，亦即雖然它是競爭力所必備的商品投入（commodity input），但還不足以構成競爭優勢。

我會一一指出，出現無所不在、人人共有的IT基礎的局面，有很多極為重要而實際的意涵，攸關公司如何管理和投資科技，以及如何看待創造與維護競爭優勢。主管因應改變中的IT角色的方式，會影響他們公司往後數年的財運。

背景與視野

本書係由筆者在二〇〇三年五月號《哈佛商業評論》文章中提出的觀點，加以深化、擴充和延伸。那篇叫〈IT沒有明天〉（IT Doesn't Matter）的文章，已經成為資訊科技供應者和使用者之間，廣泛且往往流於激情辯論的試金石，全球各地的報紙、商業雜誌和ＩＴ期刊討論、剖析、質疑、批評、攻擊和聲援我那篇論文的文章不下數十篇，許多德高望重的主管、商學教授和記者紛紛探討本人論點的優劣良窳，各自提出他們對ＩＴ以及它在商業上的意義的看法。這些討論除了具有相當的知性和實用價值外，其廣度與強度也凸顯出這個主題對公司的重要性，以及各界對它的共同理解極爲不足。

對我個人而言，這種論戰是快意和失意兼而有之。所以覺得快意，乃是因爲我激起必要的、建設性的、遲來的重新衡量這半個世紀來最重要的商業現象之一。很難得一篇相當簡短的商業的文章，竟吸引這麼多人注意，引出那麼多相持不下的觀點。所以覺得失意，乃是因爲少數的批評反映出他們誤解我的文章，有些誤解可以歸咎我自己對論點的措辭和範疇定義不明。因此，我會在書中詳加說明時，處理若干對我的看法有所質疑的問題，同時也希望能更精確和透澈的地表達這些看法。當然，我確信這種討論爲時會相當久，成果也會非常豐碩，但本書絕對不是最後定論。不過，我倒是希望這本書有助於使論戰起碼能稍微趨近於對經理人有實際好處的具體結論。

且容我提出幾個重要的定義，首先就從「資訊科技」（information technology）這個有點籠統的名詞開始。ＩＴ一詞在此是採用今天最常被理解的意義，也就是指以數位形式來儲存、處理和傳輸資訊的一切軟、硬體科技。①特別得強調，本書所討論的是科技本身。ＩＴ並不包含經由這類科技所傳輸的資訊，或使用這種科技的人的才能。誠如許多位作家回應我在《哈佛商業評論》那篇文章時所指出的，資訊和才能往往是構成商業優勢的基礎。這話本來就不錯，日後也仍然是如此。的確，這類科技的策略價值逐漸消失的同時，運用它來處理日常工作的技巧，對公司的成敗也就越發重要。

儘管如此，ＩＴ變成共同且無所不在的基礎設施，確實會影響乃至侷限其背後的科技與資訊的使用方式。我在以下篇章中所要揭櫫的是，今天經理人所面臨的最大挑戰之一，即是了解這種新基礎如何重塑許多業務和策略決策，即便是商品投入也不能等閒視之。

此外還必須指出，我所談的是，已開發國家裏用來管理公司內部和公司間資訊的科技。我所談的不是家用或整合到消費產品裏的ＩＴ；在我看來，隨著電腦、媒體和消費電子產業大合流，家用和消費產品領域的迅速創新已指日可待。②我也不談ＩＴ在新興市場國家的應用，一般來說，新興市場國家的ＩＴ基礎大致上沒那麼先進。我希望本書能說清楚，已開發國家的經驗雖有很多可以讓新興市場國家的ＩＴ業者和使用者借鑑，但他們的立場和所面臨的挑戰畢竟不一樣。

本書的規畫

本書以〈科技轉型〉這章簡介做開端，先就我的論旨做個概要的介紹，點出從策略角度探討ＩＴ的價值。本章所強調的是我個人所認爲的本書主要的——和正面的——訊息：ＩＴ從專屬和異質的系統，轉變成共同且標準化的基礎科技，乃是自然、必要和健康的過程，唯有變成基礎科技，亦即成爲共同的資源，ＩＴ始能產生最大的經濟和社會利益。

第二章〈舖軌〉旨在介紹和說明專屬和基礎科技的主要差別，縷述往昔從鐵路到電力等基礎科技的商業應用，如何在可預測的方式下演進，而這正預告著我們所見的ＩＴ現況。尤其值得一提的是，開創基礎科技的人往往在發展初期取得長久的優勢，但隨著基礎科技成熟而變得更廉價、更易取得、更易了解，任何有價值的新創意，競爭者都可以迅速的模倣。

第三章〈幾近完美的商品〉，探討ＩＴ的技術、經濟和競爭特性，使得它特別快速地商品化。本章處理對我論點的兩個最重要的批評，第一個說我忽略了軟體創意的潛力無限，第二個說我無視ＩＴ資產的建構方式——也就是科技專家所說的ＩＴ「架構」，不斷在變化。我同意電腦軟體比以前的基礎科技更具可塑性和適應性等使它不易商品化的特性，但也主張它還展現了把它推到另一個方向——商品化——的特性。而且，在認同IT架構不斷演化的同時，我也提出在目前大多數的創意都傾向於強化共同基礎的可靠性和效率，而不是傾向於增強這類基礎的專屬應用。

第四章〈消失中的優勢〉，探討公司應用IT的沿革，說明它和以前的基礎科技所建立的模式亦步亦趨。有些批評者主張，做為優勢的來源，「IT本來就不管用」，我則在本章指出，經由研究若干IT先驅的個案顯示，資訊系統和網路以前確實對競爭力構成長期的障礙，但這些障礙已隨著IT的演進化為烏有。此外，我還引介一個衡量策略性IT投資是否划算的概念，也就是「科技複製周期」的觀念。

第五章〈共通的策略方案〉，從嚴密審視IT管理退後一步，思考新商業基礎興起如何改變市場競爭基準，討論IT基礎對某些傳統形式之競爭優勢的侵蝕效應，說明商業成敗為何與同時追求永續與槓桿優勢越發息息相關。此外，我也說明為什麼公司應該在與策略夥伴共享資訊及處理，以及必須維持本身的組織完整間取得平衡。IT基礎使得特殊化和資源外包更為容易，但這並不表示公司應該貿然從事。

第六章〈管理錢坑〉，轉而探討IT商品化在實際管理上的意涵，強調成本與風險管理的重要性，提出ＩＴ投資管理的四大原則：減少支出；追隨即可，不必主導；風險低時求新求變；鎖定於弱點多過於機會。此外，我還提出幾個最近的公司營運的實例，做爲行動的參考。我的用意不在提供ＩＴ教科書——別人比我更有資格——而是要提出新的管理觀點，幫助商業和科技經理人日後能做出適切的決策。

最後一章〈寄望神妙的機器〉，探討資訊科技對經濟和社會更廣泛的影響，說明我們對含有再生許諾的新科技很自然的心嚮往之，每每使得我們誇大其利益，卻忽略了它的成本，而我在此所要檢討的，就是這種成見如何左右我們對所謂電腦革命的看法。

這種討論尤其切合今日這個時機。我們已走到ＩＴ在商業史上的轉捩點，三大趨勢的匯流行將塑造未來。第一，經濟從網路泡沫破滅後的衰退中復甦，各公司莫不重新評估ＩＴ投資管理方法。第二，科技產業重整，銷售業者因應市場變動重訂競爭策略。第三，決策者和經濟學家評估電腦對產業表現和生產力的廣泛影響，勢必導致全球各國政府針對ＩＴ基礎發展的決策出現重大變化。要在這些領域做出正確的抉擇，須有資訊與觀點的開放交流，我就是本著這種精神獻出本書。

銘謝

本書的思路與措詞得力於多位人士襄助。我以前在《哈佛商業評論》的同事大衛．查姆皮昂、安迪．歐康納、阿南．拉曼和湯姆．史都華，在我撰寫那篇後來擴充爲本書的文章時，提供許多寶貴的建議。哈佛商學院出版社主編傑夫．凱霍，除協助集中思慮和論點外，還安排五位匿名的評論家，都是ＩＴ領域的專家，審核本書初稿，他們鞭辟入裏的批評，對潤飾全文的邏輯與文氣頗有助益。還有很多商業和科技作家影響我的想法和塑造我的觀點，我都一一列在註釋和參考書目裏。最後，我要感謝格里公共圖書館工作人員，始終欣欣然地處理數量迫人的館際借書申請。

1

科技轉型

新商業基礎興起

隨著 IT 的能力和普遍性不斷提升，

其策略重要性也跟著提昇。

這是合理的假設，而且也合乎直覺。

但它是錯誤的假設。商業資源成爲眞正的策略資源，

亦即賦予它成爲永續競爭優勢基礎的能力，

關鍵不在於普遍性，而是它的稀有性。

一九六九年，有位叫泰德・霍夫（Ted Hoff）的年輕電機工程師，想到一個極爲高明的點子。霍夫剛加入位在加州聖塔克拉拉的新半導體公司英特爾（Intel Corporation），分派到生產十二微晶片組計畫小組，供日本電子公司必思康（Busicom）株式會社所開發的新電算機之用。每個晶片各自負責不同的功能：一個執行運算、一個控制按鍵、一個專管在螢幕上顯示影像、一個處理列印等等。這種配置頂麻煩，有些晶片必須包含多達五千個電晶體，而且一切都得整齊地塞進裝置內，霍夫不免擔心，晶片組的總成本會超過必思康的預算。於是，他拋開委託人的原案，採取一種截然不同的方法。他沒有勉強把十二個特殊用途的晶片擠進電算機裏，而是決定要創造一個可以處理多種不同功能的一般用途晶片，也就是中央處理器。兩年後，霍夫的構想開花結果，英特爾發表全世界第一個微處理器 4004 半導體。①

微處理器提供新一代易於設計程式的小電腦的大腦，電腦和商務的發展方向爲之改觀。雖然打從一九五一年經營知名茶坊連鎖店的英國萊昂斯公司（J. Lyons & Company）在總公司安裝一部大型主機之後，商界就已開始應用電腦，可惜它們的體積、複雜性和缺乏彈性，往往使得它們的日常用途嚴格侷限於處理薪資、追蹤存貨和執行工程計算等日常事務。可程式化的微處理器則釋放出電腦的全部潛能，使得各式各樣的人都可以用它來處理各式各樣的公司事務。

霍夫的發明開啓了商用電腦的創新浪潮。一九七一年，鮑伯．梅特考夫（Bob Metcalfe）發明以太網路（Ethernet），這是一項將電腦連結成區域網路的科技；一九七三年，第一批量產的個人電腦問世；一九七六年，王安實驗室（Wang Laboratories）推出文書處理系統，把電腦帶進辦公人員事務桌上。一九七八年，試算表軟體VisiCalc上市，次年，第一個文書處理軟體WordStar，以及甲骨文（Oracle）公司第一個關聯式資料庫系統相繼問世。一九八二年，制定「傳輸控制通訊協定／網際網路通訊協定」（TCP/IP）這一組網路協定，爲現代網際網路鋪路。一九八四年，有麥金塔（Macintosh）的使用簡易的圖形介面，以及第一部桌上型雷射印表機。一九八九年，電子郵件開始在網際網路上流通；一九九〇年，提姆．柏納李（Tim Berners-Lee）發明全球資訊網（World Wide Web）。一九九〇年代期間，公司網站和網內網路（intranet）勃興，線上商務交易越來越普遍，軟體商也推出各種高明的新軟體，從管理供貨採購和產品流通，到行銷和販售，無不應有盡有。

這四十年間，隨著政府逐漸放寬諸多經貿限制措施的同時，電腦硬體和軟體的普及成爲形塑商業的主要動力。今天，很少人會質疑，資訊科技已經成爲已開發國家的商業骨幹。它維繫著公司的營運，連接遠方的供應鏈，拉近業者和顧客的聯繫。它深入製造、批發、零售和商業服務，普見於主管辦公室、工廠現場、研發實驗室和一般家庭。時至今日，即便是經手一美元或一歐元，也鮮有不借助電腦系統的。

心態大轉換

隨著資訊科技的能力和存在擴大，各公司逐漸把它視爲攸關成敗的資源。從企業支出習慣最能看出ＩＴ的重要性與日俱增。根據美國商務部「經濟分析局」的資料，一九六五年時，美國公司花在ＩＴ上的資本開支不到五％，一九八〇年代初期個人電腦普及之後，這個百分比上升到十五％，到了一九九〇年代初期已達到三〇％以上，世紀交替之際已超過五〇％。②即便最近科技採購下滑，美國公司在ＩＴ上的投資仍等於其他資本支出的總和。從全球規模來看，商界每年花在ＩＴ設備、軟體和服務上的經費將近一兆美元，若是包含電信服務則超過二兆美元。③

其實，ＩＴ的尊崇地位並不只呈現在金額上，資深經理人及其顧問的行爲和態度轉變同樣明顯。二十年前，絕大部分的主管都看不起電腦，認爲它不過是美化過的打字機和電算機，最好歸類爲祕書、分析員和技師之類低階員工的平民工具。因此，全錄（Xerox）

公司一九八一年的辦公室電腦 Star 廣告，有個經理人眞的在打電腦的影像便使人爲之失笑。很少有經理人會碰鍵盤，遑論把ＩＴ納入策略思考。

然而，到了一九九〇年代，管理思維卻有了驚人的改變。電腦網路使用普及，導致網際網路興起，連最資深的主管也開始用電腦處理日常工作；陡然之間，桌上不擺台個人電腦，等於標示自己是「恐龍」。此外，他們也時時大談資訊科技的策略價値、如何運用ＩＴ取得競爭優勢、怎麼把營運模式「數位化」。大部分公司都把資訊長（chief information executive）提升到最高經營階層，還有很多公司特聘顧問公司提供新鮮的點子，以便善用ＩＴ投資取得市場區隔（differentiation）和優勢。倫敦政經學院一九九七年的研究調查發現，北美和歐洲各大公司的執行長和董事長都認爲，到一九九〇年代結束之際，六〇％的ＩＴ計畫會集中在「取得競爭優勢」，而不只是「迎頭趕上或維持現狀」。該研究報告的作者指出，這表示「一九八〇年代和一九九〇年代的觀念完全翻轉過來」。[4]

奇異（General Electric）的傑克・威爾契（Jack Welch）是近年最成功的執行長，他的故事正好概括這種大翻轉。他本來還懶得親自去探索網際網路的作用，一九九九年到墨西哥渡假時，他太太用她的筆記型電腦，教他怎麼發電子郵件和上網。後來威爾契在自傳裏說，他立刻就「迷上了」，帶著新發現的熱情返回工作崗位後，不到一年就推出「毀掉原有的營運模式」（destroyyourbusiness.com）計畫，打算徹底修正傳統的營運模式，要全公司五百名高層主管找年輕「網路家教」教他們這門新科技，又請昇陽微系統公司（Sun Microsystems）執行長史考特・麥克尼里（Scott McNealy）加入ＧＥ董事會，擔任全公司的科技導師。「每個人都開始從數位的角度去思考，」威爾契回憶道。「對整個組織而言，這眞是心態大轉換。」⑤

網路泡沫崩盤，鐘擺開始往回盪。這幾年來，情況再清楚不過了，一九九〇年代的科技投資，尤其是策略投資，很多已經變成浪費，商界主管不免又懷疑ＩＴ，對新的科技大計畫報以冷眼。不過，儘管這方面的積極開銷趨於審愼，ＩＴ策略意義的共識在商界還是很強，科技業和許多顧問與記者也仍然大力鼓吹，威爾契所形容的「心態大轉換」依舊左右著商界看待和使用ＩＴ的方式。

的確，ＩＴ和商業策略間的假想關聯已深植商業用語中，以致我們無不認爲這是理所當然的事。夙負盛譽的《麻省理工史隆管理評論》（*MIT Sloan Management Review*）的作者就宣稱，「今天，數位資訊爆炸，一大串新的策略選擇唾手可得，市場區隔的聖杯已近在咫尺。」⑥黑石科技集團（Blackstone Technology Group）則宣告，「落實未來導向的資訊科技解決方法，已經成爲道地的競爭優勢來源。」⑦思科系統公司（Cisco Systems）

的執行長也表示，「IT成爲獲取競爭優勢更有力的工具，有過之無不及。」[8]微軟則在網站宣稱，新資訊系統在某客戶身上「產生驚人的策略價值。」[9]

這類說詞背後有個簡單的假設：隨著IT的能力和普遍性不斷提升，其策略重要性也跟著提昇。這是合理的假設，而且也合乎直覺。但它是錯誤的假設。商業資源成爲眞正的策略資源，亦即賦予它成爲永續競爭優勢基礎的能力，關鍵不在於普遍性，而是它的稀有性。你所以能勝對手一籌，完全是因爲你比他們多了或做了什麼。現在，IT的核心功能如資料儲存、資料處理和資料傳輸，已是人人可得，人人付得起，資訊科技的能力和普及逐漸使得自己由潛在策略資源，變成經濟學家所謂的商品投入，只是一項大家都得花費的成本，但是不能造成任何優勢。

策略觀點

也許有人會問，**那又怎麼樣**？IT能讓公司營運更有效率、產生更好的服務、降低成本、提高顧客滿意度，這還不夠嗎？再說，別具特色眞有那麼要緊嗎？這是答案：特色是最終決定公司獲利能力，確保公司生存的關鍵。若是一大票在自由市場競爭的公司彼此沒有差別——假設他們的產品都以同樣的方式來生產和配銷，他們在顧客群眼中全都一樣——那麼，他們的競爭基礎只有一個，就是定價。在競售當中，他們會不斷地把價格壓得比別人低，最後在殘酷的市場邏輯下，產品價格接近於生產成本，所有的公司勢必被迫靠極微薄的獲利率維繫，在損益分界線上搖搖欲墜。

然而，若有公司能讓自已跳脫出來，去爭取「市場區隔的聖杯」，就可以避免價格競爭的毀滅性後果。它若能設法讓自己產品比競爭品牌更具吸引力，就可以把價格訂高些，每賣一次就賺一筆差價。或者，如果它能設法以比對手低廉的成本生產產品，即便在市場價格點上也能獲得很好的利潤，競爭對手則只能賺取薄利，甚至是毫無賺頭。獲致區隔化是每一個商業策略的主要目標和最終考驗，從長遠來看，這也是一家公司可以提升營利和保障前途的唯一辦法。

投資於可以提供市場區隔的資源，本身即可以提高利潤的形式產生誘人的報酬率，投資於人人均有的資源（這叫商品投入）則不然。商品資源所產生的生產力和顧客價值的提升，終究會在競爭中消蝕殆盡，利益最後是落在顧客手裏，不是落在獲利數字上。當然，公司往往非得花錢在商品資源上，而且有時還是不小的金額。就拿辦公司器材、原物料、電力來說吧，有很多情況甚至是少了它們就根本無法運作。而且，即便不是攸關營運的商品，公司可能仍得投資，只是爲了輸人不輸陣，阻斷競爭對手占得優勢。關鍵在於，要有能力區別商品資源和確實具有創造優勢的資源。唯有如此，公司才可以避免浪費金錢和避開策略的死路。

瞻前顧後

就商界主管而言，IT從優勢來源轉變爲營業成本，也會增加許多挑戰。他們必須嚴肅看待在IT上花了多少錢，以及如何分配這些開支。他們必須重估管理IT資產和人員的方式，重新思考與硬體、軟體及相關服務的供應商間的關係。這類重新評估可以讓不同的公司，各依本身特殊的狀況、長處和缺點，得出不同的結論。不過，大部分的公司都會發現，由於IT已融入一般商業基礎設施中，減少風險變得比追求創新更重要，降低成本也優於做新的投資。換句話說，以守代攻更關乎事業成敗。

此外，商業基礎上任何根本的變更，也都會影響公司間的競爭本質。有些傳統優勢的重要性會降低，或比較難以爲續，有些則可加強或取得新的特色。因此，在IT管理本身之外，經理人往後數月或數年可能會面臨極爲困難和複雜的策略問題。我們公司在業界的定位是否妥當，是否需要變更角色？競爭者是否覺得很容易模倣讓我們獨樹一幟的特色？應該改變我們的組織規模和視野嗎？應該跟別的公司營造新的或不同的關係嗎？商業基礎一變更，機會和策略失措的代價也都會增加。

經理人在跟這些營運、組織和策略上的挑戰纏鬥時，應該特別小心，以免墜入新科技每每所引起的幻象裏——這正是今天所謂數位時代最明顯的特徵。儘管ＩＴ帶給個別事業優勢的可能性越來越低，那些最踏實、最不扭曲ＩＴ變動不居之角色的主管，所做的選擇也會比衝動、頭腦不清的對手更爲精明穩健，而這就足以成爲穩固和持久優勢的基礎。

面臨複雜新形勢時，聰明的經理人知道，即便是最讓人無所適從的現象，往往也有前例可尋，因此他們總是先回顧再向前。ＩＴ角色轉型絕對就是這種狀態。事實上，理解資訊科技的最好方式，或許就是把它當成從蒸汽引擎和鐵路，到電報、電話、電網和高速公路系統等，這兩世紀來重塑產業面貌的一系列廣泛爲人採用的科技中最新的一項。當這些科技正在併入商務基礎設施時，短期間可以替精明、前瞻性的公司開創機會，取得勝過競爭者的眞正優勢，但是，隨著它們因普及性提高和成本降低而變成無所不在，它們也都變成商品投入。它們通常可以持續數年廣泛提升業務和產業整體生產力，但若從策略的觀點來看，它們卻逐漸化爲無形，越來越與個別公司的競爭機會無關。

資訊科技已經走到同一條路上。它越來越便宜，越來越趨於標準化，能力逐漸也超越大部分的公司需求，原本所提供的優勢慢慢消失，從而使得它大轉型的能力開始衰退。殷鑑歷歷可證，這是自然且必要的轉變，鐵路、電力和高速公路莫不如此，IT唯有變成共有和標準化的基礎設施，才能提升生產力和生活水準，充當一系列理想新消費產品與服務的平台，產生最大的經濟和社會利益。歷史顯示，IT若要發揮潛力，就得丟掉公司區隔化的策略意義，由絢爛歸於平淡。

2

舖軌

基礎科技的本質與演進

新基礎科技及其最有效的應用模式的
接受程度日漸擴大，是很自然也是必要的進程。
競相模倣乃是科技的有利效應在經濟體中擴散的方式，
然而，主管往往會誤以爲從基礎科技獲得優勢的機會
可以永無止境地持續。
事實上，取得優勢的窗口一開即閉。

也許可以這麼說，現代商業是起源於一八二九年秋天，地點在英國小鄉村雨山（Rain-hill）。雨山位於利物浦東方十哩處，正好在利物浦—曼徹斯特鐵路線上。這條新建的鐵道幹線，從一八二六年動工興建，預計一八三〇年底完工，單是舖設三十二哩長的鐵軌，成本就超過五十萬英鎊，是當時造價最昂貴的鐵路。鐵路股東急於回收龐大投資，拼命靠增加車速來提升鐵路運輸的吸引力。當時，火車時速難得超過十哩，不過比馬車稍微快一點而已。

鐵路股東知道，任何有意義的增加速度，都得來自火車頭設計上的技術創新，於是決定在雨山村外舉辦一場別開生面的競賽。五部剛設計好的最新型蒸汽火車頭「火箭」、「新奇」、「無與倫比」、「獨眼巨人」和「堅忍不拔」，各跑七十哩長的距離——在一又四分之三哩的鐵軌上來回跑二十趟——以最大速度和最高效率完成賽程者，獎賞五百英鎊。此外，獲勝的設計師還可望獲得一紙供應新鐵道火車頭的優渥合同。

這次比賽日後稱爲「雨山試車賽」，爲期一個星期，吸引全國各地的觀眾和英國媒體密集報導。然而，比賽結果卻是對抗的意味不太大，只有「火箭」能夠毫無故障地賽完全程。儘管如此，這次活動仍具有極爲重大的歷史意義。配備最新蒸汽動力技術的引擎，各自跑出前所未見的速度，譬如，「新奇」一度達到時速三十二哩，「火箭」則維持著時速三十哩的速度。高速、長程運輸的時代終於來臨。

觀眾群中也有不少人感受到雨山試車賽的重要性。《機械雜誌》(*Mechanics Magazine*) 週刊就有位特別有遠見的記者，廣泛地談到蒸汽火車頭的革命性潛力：

我們認爲，說它會使英國社會的面貌完全改觀，應該不算言過其實。它的效應就像是把製造業者的工廠都搬到碼頭邊，他可以在那裏取得原物料，再把成品送到世上最遙遠的地方，或者說，這就好像把英格蘭中央地區的煤礦場、鐵礦和陶器廠，都散置在港岸一帶。由於一地生產的物品，可以迅速且廉價地運至他地，特有的地區優勢也就不像以前在製造和商業史上那麼一枝獨秀；製造工廠不再集中於二、三個大城市——這對受雇者的精神和肉體都是一大傷害——我們或可寄望它們逐漸分散至全國各地。住在鄉下不再是「諸多不便」的同義詞，生意人要住在會計室附近，還是住在三十哩外，變成純屬個人的選擇……同時由於人際交往的增加，彼此間的商品交流也會更加便利，所有的東西都會變得便宜。①

這位佚名記者的預言，結果證明極爲正確。隨著十九世紀的進展，鐵路迅速展開，配合上蒸汽動力和電報等相關科技日新月異，全球各地的商務泰半爲之改觀。鐵路軌道和沿線一起鋪設的電報線路，成爲新商業基礎設施，連接相隔遙遠的生產者、供應者和消費者。加上遠洋和近海航運發展方興未艾，鐵路普及帶來了全球市場和全球競爭，乃至嶄新的商業組織和方法。

事實證明，鐵路系統首開先河，將相隔兩地的公司連接成更緊密網路，日後還有若干廣泛採用的科技繼踵而來。除了具有洲內電線和洲際電纜的電報之外，還有電力網、電話系統、高速公路系統、收音機和電視廣播，以及現代的電腦網路。許多當代評論家已經指出這些科技的相似之處，其中不乏特別著墨於十九世紀中葉鐵路網登場，以及二十世紀末葉資訊科技、尤其是網際網路的普及，認爲這兩者的雷同之處尤爲強烈。②

不過，在這些比較當中仍有遺漏。大部分的人都著重於科技發展相關的投資模式，諸如盛衰周期，以及相伴而生的投資熱，或是科技在改變整個產業上所扮演的角色，很少談到這些科技對於個別公司之間的競爭所產生的影響。

然而，歷史就是在這經濟學家所謂的「穩定面」上，提供了最饒富意義的教訓。鐵路和十九世紀與二十世紀初葉許多重大產業科技的故事，提供我們一種商業因應明顯的科技變化的模式，以及適應過程如何影響公司的競爭力與策略。我們只要稍微審視這三十年的科技悸動，就不難發覺這個模式跟我們所見嚴絲合縫，也就是說，各公司莫不急如星火地把更強大和精密的資訊科技整合到自己的事業裏。

使用優勢

一開始最要緊的是先把**專屬科技**（proprietary technologies）和**基礎科技**（infrastructural technologies）做個區別。專屬科技可由單一公司實際或實質擁有，舉例來說，某製藥公司可能擁有特殊化合物的專利，可做爲某一類藥物的主藥；某產業製造商可能發現運用某種處理技術的新方法，是競爭者很難模倣的；某消費用品公司可能付費取得某種新包裝素材的獨家授權，使自己產品的保存期限超過別的品牌。專屬科技只要防得了競爭者，就可以成爲長遠的策略優勢，讓公司獲取比對手更高的利潤。

相形之下，基礎科技則是共用比獨享的價值高。我們不妨回想一下「雨山試車賽」那年頭，設使製造一條鐵路所需的技術，如鐵軌、轉轍器、火車頭和車廂等，所有權都握在一家製造公司手裏，只要這家公司高興，大可只在自家的供應商、工廠和經銷商之間建專屬鐵路線，鐵軌上跑自家的火車。其實，這樣的營運效率可能還更高。可是，就更廣義的經濟而言，這種安排所產生的價值，相較於建設開放鐵路網連結許多公司和買者，自屬微不足道。不管是鐵路線、電報線路、發電廠，還是高速公路，基礎科技的特色和經濟學使得它必然變成完全共享——也就是成爲一般商業基礎的一環。

不過，基礎和專屬科技分野往往很模糊。基礎科技發展初期可能且經常以專屬技術形態出現，只要取得技術有所限制，如具體限制、高成本、政府管制或使用規格付諸闕如等，個別的公司往往就有機會藉此勝過對手。

鐵路就是這種情況，十九世紀泰半時間鐵路分布極爲不均，軌幅、聯結設計，乃至時區等關鍵因素都還沒有標準化。便於利用鐵路運輸，尤其是有很多支線的長程鐵路製造商，在引進原料和輸出成品上達到的效率水平，是那些孤處一地的競爭者所無法比擬的。譬如，一八三〇年巴爾的摩—俄亥俄鐵路開通，終於使巴爾的摩附近的業者，在聯接大西洋岸中部諸州煤礦和西部新市場上勝人一籌，對他們而言自然是一大恩賜。有些思想前瞻的公司發現，即便鐵路已經普及與整合，利用這一系統仍然可以帶來莫大利益。一八八二至八四年間，芝加哥兩大肉品包裝商亞甲（Armour）和迅達（Swift）積極在各大火車站附近設新廠，打下全國配銷網路的根基。這個做法讓他們竄升至業界龍頭地位，著實風光了許多年。③

電報系統的利用也給十九世紀的商人和製造業者帶來極大利益。舉例來說，從事全國或國際貿易的公司，可以利用電報每天甚至每小時取得價格和需求變動的更新情報，不在電報局附近的公司就得等上幾個星期、甚至好幾個月，才能取得同樣的資訊。利用電報的工業產品供應商也大有裨益：訂貨管理比較有效和可靠，可以減少庫存量。

湯姆·史坦達吉（Tom Standage）在電報史專著《維多利亞時代的網際網路》（*Victorian Internet*）裏，引用《聖路易共和報》（*St. Louis Republican*）一八四七年的一篇文章，說明新科技對競爭力產生戲劇性的影響：「電報線所到之處，商業莫不靠它來進行，若是少了它，聖路易的貿易商和生意人自然就不可能跟別的城市競爭。蒸汽機是商業手段，現在的電報又是另一種手段，一個人想利用平底船對抗汽船來進行成功的貿易，不啻是用書信對電報來做生意。」[4]

十九世紀問世的另一個基礎科技——電力，也提供巨大的使用優勢。自一八八〇年左右興建第一座發電廠，到二十世紀初全國電力網架線，在這段期間裏，電仍然是稀有資源，能夠接取電流的製造商和公司——自建發電機或在發電廠附近設廠——往往可以取得營運優勢。比起仍仰賴比較原始的動力和照明來源的競爭者，他們的工作場所照明比較充分，機器跑得比較久、也比較可靠。世紀交替之際，美國最大螺帽與螺釘製造商普蘭姆、柏迪克&巴納德（Plumb、Burdict & Barnard）把工廠設在紐約州尼加拉瓜瀑布附近，絕不是偶然之舉，因爲那裏正是最早大型水力發電廠的所在地。⑤

想使用新的基礎技術往往有經濟上和具體的障礙。鐵路運輸、電報服務和電力，發展初期的成本都很高，形同將缺乏龐大資金的小公司摒諸門外。成本關卡往往因別的相關條件而益發凸顯，譬如說，要充分利用電力，現有的工廠必須重配線路和電動馬達，很多公司即便能跟本地的發電機接上線，仍然因財力不足而無法進行必要的工廠整建工作。⑥

先見優勢

公司除了透過更妥善地使用基礎科技來取得優勢之外，還可以靠如何就新科技做最佳應用的先見之明，出其不意地搶占對手先機。一項科技還在萌芽階段時，相關的應用資訊往往流於簡略和散漫，「最佳操作法」不是缺乏記載，就是未經匯整，各公司除了親自實驗，邊做邊學之外別無選擇，哪家公司率先開發出最有效的應用方法，就可以獲得重大的回報，他們的操作法能保密多久就有多久的好光景。

電力問世再次提供我們一個很好的例子。一直到十九世紀最後十年，大多數的製造業者還仰賴水力或蒸汽動力來運轉機器。這種來源單一、固定的動力——例如，磨坊邊的水車，或工廠旁的蒸汽引擎——需有一套複雜的滑車、齒輪、轉軸和皮帶系統，把動力配送到工廠內各個工作檯。發電機一問市，很多製造商只是把單點來源的動力換成發電機，用電力來推動既有的驅動系統。例如，康乃狄克州的波內馬赫（Ponemah）紡織廠不再以蒸汽和水力爲動力來源，換上以電纜連接附近河川旁新建的水力發電水庫，但廠內的機器和操作法並沒有改變。⑦

波內馬赫和其他這類公司忽略了電力很容易就可以配送的事實——它可以直接送到各工作檯。透過所謂單位驅動或個體驅動的系統，每部機器都可有各自的動力源。單位驅動系統起碼提供優於單點系統的三大好處：排除必須不時轉動的笨重大輪軸，減少皮帶系統必然產生的摩擦，降低動力消耗；占用空間較小，工廠規畫和工作流程比較有彈性和有效率；不像以前用單點系統那樣，一台機器故障就得關掉整個系統來修理，如今可以增加工廠的正常運作時間，提升生產力。⑧

精明的製造商如南卡羅萊納州的哥倫比亞棉花廠（Columbia Cotton Mills）、康乃狄克州的基廷車輪公司（Keating Wheel Company），很快就體會到這些好處。他們在工廠內架起線路，在機器上裝起電力馬達，不用笨重、死板而昂貴的輪軸皮帶系統，因此取得重大的優勢，勝過那些目光如豆的對手。早期電力驅動生產專家、哥倫比亞大學教授柯洛克（F. B. Crocker）在一九〇一年的演講中，談到早期採用者所得到的利益：「結果發現，使用電力驅動的生產設施，其產出值大部分都有實質成長。同樣的占地面積、機具和人工數，實際成長達到二〇%到三〇%以上……很多情況都是在產出值提升的同時，減少勞力項目。」⑨

進入二十世紀之後，各大城市建設中央電廠，把電力帶到成衣廠和印刷廠之類的都會型小製造商。這些公司負擔不起自建現場發電機，或架線到水力發電廠，但可以向電力公司購買小量的電力。同樣的，能夠洞燭機先採用電力、重整機具和營運做法的人，可以取得極大的競爭優勢，而且這優勢往往可以持續許多年。誠如愛咪·佛烈蘭德（Amy Friedlander）在《電力與光明》（*Power and Light*）裏所指出的，「經過相當時間之後，重整的好處才廣爲人知。」⑩

正如《機械雜誌》記者所言，基礎科技除了可促成比較有效的新營運方法，往往還會帶來更廣泛的市場變化。但在該項科技剛問世的時候，其最終狀態的特徵往往不明朗，這就提供過人的先見之明另一個取得優勢的機會。最能預見科技行將改變商業的公司，可以勝過短視的競爭者一籌。在十九世紀中葉開始如火如荼鋪設鐵路線的時候，全球各大河川上已有汽船往來如織，無數的馬車轆轆奔走於泥地或鋪木的收費道路，長程運輸貨品早已不是難事，無疑會讓許多生意人以爲，鐵路運輸基本上是在既有的運輸模式上略做改善而已。

其實，鐵路的速度、容量和涵蓋面增大，已使得商業徹底改觀。長程運送成品而不是原材科和工業組件，陡然間變得划算，大眾消費市場於焉成型。舉例而言，一八五〇年之前的零售業，幾乎完全屬於地方型事業，分散在大城小鎮的小商人，連自家所賣的商品也花不起取得所有權的錢，反而靠佣金來營運，仰賴製造負擔所有的運銷和倉儲成本。鐵路藉由大幅縮減長程運送的時間與風險，改變零售業的經濟學，使一家公司因此有可能提供更完整的商品系列給更多樣化的消費者，而首先了解到這種轉變，並改變其商業行爲（如取得所售商品的所有權，賺取利潤而不是拿佣金）的商人，可取得優於傳統小商家的巨大優勢。梅西百貨（Macy）、伍爾沃思（Woolworth）、西爾斯（Sears）、樂巴克（Roebuck）等零售業鉅頭，就是在這時候嶄露頭角。[11]

同樣的，製造業也發生更明顯的轉變。商品生產跟零售業一樣，十九世紀中葉時多半採小型的獨立工廠方式作業，只有在鐵路線和航運線出現後，才可能有效地服務全國甚至國際市場，電報則得以協調遠方的業務，大型製造業於焉誕生。同樣的，率先看出這新興變化，且建立大量生產工廠或工廠網路的公司，就可以取得鉅大優勢。一八七〇和八〇年代首開高量生產的製造商，如菸業裏的詹姆斯·杜克公司（James B. Duke，後來改名爲美國菸草公司）、鐘錶業的鑽石公司（Diamond）、肥皂業的寶鹼（Procter & Gamble）、照相器材業的柯達（Kodak）、麵粉業的皮爾斯伯利公司（Pillsbury）、罐裝食品公司漢茲（Heinz），都取得業界龍頭地位，且能維持數十年不墜。⑫

若要舉個特殊的例子，不妨以家常技藝的糖果製造業來看。十九世紀大部分時間裏，巧克力和其他類別的糖果生產仍然是很地方型的企業，家庭經營的小工廠，產量剛好滿足街坊鄰居的需求。但到了一八八〇年代末葉，有位叫彌爾敦·賀喜（Milton Hershey）的巡迴糖果糕餅商，看到別的糖果製造商所未見的契機：新的運輸和通信基礎設施開啓了包括糖果在內的大量生產商品的廣大市場。賀喜很快就把自家的小家庭工廠蘭卡特斯牛奶糖公司（Lancaster Caramel Company），變成全美最大的牛奶糖製造廠。後來他把這家公司賣掉，利用這筆收益開創更具宏圖的企業：賀喜巧克力公司（Hershey Chocolate Company）。

賀喜本著大眾市場的信念，設計出以自己姓氏爲名的公司，所仰賴的是當時已趨於成熟的鐵路網和電報系統，用以連接他日漸擴大的業務。賀喜甚至在古巴自建鐵路，舖軌連接他在島上所擁有的兩間製糖廠和大甘蔗園。爲促銷產品，他在全國和地方性各大報章雜誌刊登廣告，這些報紙和雜誌也是在新的運輸設施提供廣泛流通的有效媒介後，有如雨後春筍般興起。賀喜帝國擴張，營收和盈餘讓那些傳統的小型糖果製造商相形見絀。他憑著大規模生產的方法，以及橫亙兩岸的配銷網路，成功地把巧克力從異國風味的奢侈品，變成廉價的大眾享受。⑬

建立基礎

賀喜、梅西、盈甲等公司的成就，當然不會沒人注意。他們龐大的營收和盈餘，引起世人越來越注意基礎科技的蛻變潛力，其他的事業主和經理人看到搶得先機的對手在營運效率、消費者滿意度、市場普及率，以及最重要的獲利力上都大有斬獲，也想分享成就（或者，起碼得防止自己被淘汰），於是趕緊跟上。

新基礎科技及其最有效的應用模式的接受程度日漸擴大，是很自然也是必要的進程。競相模倣乃是科技的有利效應在經濟體中擴散的方式，然而，主管往往會誤以為從基礎科技獲得優勢的機會可以永無止境地持續。事實上，取得優勢的窗口一開即閉。科技的商業潛力逐漸廣為人知之後，不可免的會導致大量的金錢投入，其擴建速度必然極為驚人。鐵路軌道、電報線路、電線等等都在如火如荼中鋪設或架設。

的確，十九世紀和二十世紀初期之間的重大情節之一，便是大規模、爆炸性地擴建「第二次產業革命」的主要基礎科技設施。一八四六到七六這三十年間，全球鐵軌總長由一萬七千四百二十四公里，增加到三十萬零九千六百四十一公里，汽船的總噸數也從十三萬九千九百七十三噸，成長爲三百二十九萬三千零七十二噸。⑭電報系統擴建更爲迅速。在歐洲，一八四九年時僅有二千哩的電報線，二十年後，已經有十一萬哩了；⑮在美國，一八四六年時電報線不過四十哩長，到了一八五〇年已經架起一萬二千多哩的線路，兩年後，電報網路幾呈倍數成長，達到二萬三千哩。⑯電力和電話仍然依循這種成長模式。由電力公司經營的中央發電廠，從一八八九年的四百六十八座，成長到一九一七年四千三百六十四座，平均電容量從二百五十六增加到二千七百六十三馬力，成長了十倍多⑰。貝爾系統的電話機數目也呈倍數成長，一八七八年爲一萬一千具、一九〇〇年八十萬具、一九三〇年一千五百萬具。⑱

快速擴建期行將結束的時候，公司利用基礎科技取得個別優勢的機會大爲消滅。消除了使用的具體障礙之後，科技也就變成人人可以取得。同時，由於競相投資導致競爭更烈、發展性更大、技術進一步提升，價格迅速下降，它也變成人人都消受得起。舉例來說，發一封十個字的電報，一八五〇年時的價錢是一·五五美元，一八七〇年降到一美元，一八九〇年再降至四十美分。⑲電價降得更快，每瓩／時平均費用從一八九七年十美分，降到一九九九年的二．五美分。⑳而且，由於擴建促使使用者採用共通的技術規格（否則就有完全喪失取得基礎科技之虞），一家公司維持專屬控制該技術的能力也將化爲烏有。例如，很多早期投入電氣化生產的人，爲了搭接比較便宜可靠的電力網，不得不放棄廠內的發電機，再次重整實體工廠。以前自產自用的東西，現在倒是向一般的公共服務業來購買。

何況，技術成熟後使用方式也將變成標準化，最佳操作法逐漸盡人皆知，彼此競相模倣。專業科技期刊陸續出版，就其使用方法提供深度的專業資訊。專業學會紛紛成立，使各公司的工程師和技師得以分享經驗和竅門。顧問人員在客戶間傳達理念，銷售技術或相關組件的公司，諸如鐵路、電氣用品和電動馬達製造商，則展開廣告和促銷活動來教導準消費者。到頭來，最佳操作法往往是內建到基礎設施裏，譬如，電氣化之後所有的新工廠都配置很多的電力插座，生產商除了使用有效率的單位驅動系統外別無選擇。

技術知識傳開之後，先見之明的優勢連同取得使用權的優勢逐漸消失，對產業或經濟結構的影響便顯而易見。科技及其使用法都趨於標準化。有益的創見雖仍不斷出現，但往往很快就併入共通的基礎設施，變成所有使用者所公有共享。因此，基礎科技設施擴建之後，大部分公司可望取得的優勢只剩成本優勢而已，而且，由於新的創意一出現，對手或科技提供者莫不競相模倣，連這種優勢也很難持久。

最後，基礎科技逐漸淡入商業背景裏。它們雖仍繼續在營運上扮演關鍵角色，而且還有一段時間占了相當大的公司開支，但已慢慢地變成不是公司高層決策者所關心的焦點，最後逐漸從日常管理事項中脫離。我們不妨想想，一百年前商界對電力的看法，其轉變是何等迅速。十九世紀初，很多大公司體認到電氣化在公司和業界的轉化作用，㉑於是特設一個新的管理職務叫「電力副總裁」，但不過一、二年的光景，電力的策略意義就逐漸消失，電力副總裁也很快地從公司職級制度中消失。他們的任務已經完成。

這倒不是說基礎科技不能持續影響競爭。它們是有影響，只不過，它們的影響往往是在較高的經濟層面，在個別公司的層面上是感受不到的。例如，假設有個國家在科技設施上落於人後，不管是鐵路系統、電力網，還是通信設施，該國的國內產業可能會深受影響。同樣的，一個產業運用科技力量若是落於人後，也可能會遭到淘汰。而新科技往往具有持久的宏觀經濟效應，會影響到所有公司的獲利力。

公司的命運總是跟影響該地區、產業和整體經濟的廣大力量息息相關。沒有哪一家公司是孤島。但重點是：基礎科技讓公司與對手區隔開來的潛力（也就是它的策略潛力），必然會隨著科技的日漸普及和價格低廉而衰退。基礎科技提供機會讓精明的公司甩開競爭者，但機會稍縱即逝。

3

幾近完美的商品

電腦軟硬體的命運

北美最大金融機構之一的 BMO 金融集團的
董事長兼執行長湯尼・康波估計，
「在我的機構裏，客戶和員工這兩個主要的使用者，
其實只利用到大約二〇%的電腦運算能力
(這還是我很大方的估計)，其餘的投資大部分是浪費。」
這使他找到今日 IT「更大的眞相」：
「BMO 跟大多數的第一流機構一樣，
目前只需要可以成功地與人競爭的基本科技。」

資訊科技是不是基礎科技？是不是因爲功能越強、價格越低、越來越標準化，以及對商業行爲與產業結構的關聯越來越明顯和更爲世人所了解，以致提供競爭優勢的潛力逐漸消退？簡言之，它是否註定會跟鐵路運輸、電話服務和電力一樣，變成一種商品投入？①

這類問題對商業經理人極爲重要，回答起來卻是很不容易。資訊科技顯然跟以前的基礎科技有根本上的差異：它同時具有實體形式，如硬體，以及抽象形式，如軟體。以前的基礎科技也需要一些「軟體」來運作，以火車爲例，必須要有時刻表、提貨單、費率結構和程序手冊，而這些都無法像現代電腦那樣可以程式化。以前的基礎設施系統沒有彈性，只能提供單一或少數幾種功能。相對而言，資訊系統可以透過軟體指導它服務更廣大的使用者。因此，要評估IT是否逐漸變成商品投入，必須從硬體和軟體兩方面來看待。

在實體方面，IT跟以前的電報和電話網路，乃至鐵路和公路系統，的確有許多雷同之處。在所謂的資訊高速公路上，分布極廣的資料庫和處理中心，如個人電腦、伺服器、大型主機、儲存系統和其它設備，都透過稠密的纜線和交換器連接起來。在這個層面，可以把IT看做是運送數位資料的運輸系統，正如鐵路運貨物、電力網送電能一般。

由於所有廣爲各界採用的運輸系統必須是共有的，從而註定它必須迅速標準化，顧名思義，也就是消除設備間的差異。當鐵軌、軌距、輪型和聯結器的標準形成後，不消多久，託運人渾然忘卻貨物所走的路線是哪家鐵路公司所有，也不記得載貨的是哪個車廂。同樣的，一旦電力提供者和使用者採用共同的電流、電壓和配線標準，各發電機和電纜間的差異也消失於無形。今天還有哪家公司知道自己所消費的每一瓩電是從何而來？有效率運輸需要的是易於互換的設備。

由於使用者一直在追求更緊密的互聯性（Interconnectivity）和更有效率的互通性（interoperability），ＩＴ的歷史也就是快速標準化的其中一個進程。從早期可以讓許多分散各處的使用者利用中央電腦處理能力的大型主機分時共用（time-sharing）系統，經過可讓各公司把公司內的電腦連成一個系統的區域或廣域網路，再經過可讓不同公司的電腦互相交談的電子資料交換系統（ＥＤＩ），最後到由各種網路連成的網際網路，電腦硬體爲了提升共享程度，不斷地趨於同質化。

硬體商品化

今天我們不難看出，現代電腦硬體的商品化，是從所謂的「企業基礎設施」的周邊開始，從辦公人員和非技術員工所用的個人電腦和相關器材，不斷地向企業基礎設施核心擴張。堪稱當今最成功的電腦硬體公司——戴爾電腦（Dell Computer），它的不斷擴充，就很清楚地反映這種商品化的動力。

戴爾電腦從過去到現在一直是個商品供應者。的確，該公司創辦人兼執行長邁可・戴爾（Michael Dell）主要的天分，就是他對IT商品化抱持著冷靜而堅定的信念。「長遠來看，」他曾說，「所有的科技都有走向低價的趨勢。」②戴爾的第一個目標是個人電腦。各企業所以再三大量購買，使得PC很快就高度標準化，不外乎以下幾個原因。第一，必須很容易讓外行使用者操作，否則，每個新進人員都得重新訓練如何去使用特殊配置的PC，沒有一家公司負擔得起。第二，電腦必須要能彼此交談，在區域網路內和網路間交換資料與訊息。第三個原因跟前面兩個息息相關，就是必須跑共同的作業系統（微軟視窗）、共同的微處理器（英特爾或與英特爾相容）和共用的基本應用軟體（顯然是微軟Office）。第四，價格必須相當便宜，才能夠人手一台。

戴爾第一個看出商用PC註定會變成無異無別的「盒子」（boxes），因此，他創立公司，使用標準組件、把研發投資和營運資金壓到最低，很快地展開生產和廉價行銷，直接賣給使用者。低價位、功能取向的戴爾電腦，頗受企業採購人員青睞——戴爾公司在一九九〇年代成爲最主要的公司ＰＣ供應商——迫使其他的商用電腦業者不得不在戴爾「商品製造商」的遊戲規則下競爭。二〇〇一年，一度爲業界龍頭的康柏電腦（Compaq Computer）執行長邁可・卡佩拉斯（Michael Capellas）說得很對：「戴爾挑起這場價格遊戲。」③過沒多久，康柏消失，與惠普（Hewlett-Packered）合併。

一九九〇年代初期，其他的企業硬體基礎，特別是伺服器、儲存系統和網路設備，仍在抗拒標準化。由於這類設備隱身幕後，由ＩＴ專家操作，擔當的是更專業的功能，採行統一標準的需求較小，製造商還可以繼續用專屬晶片和作業軟體以鎖定客戶，排除競爭者。可是，隨著九〇年代的推移，各公司赫然發現，花在這類設備上的經費越來越高，於是，以較低廉的價格購入、升級和維護的「低價方案」需求開始升高，標準化的壓力也越來越大。同時，晶片的速度和精密度越來越高也促成了標準化：廉價商品晶片設計人很快就讓ＩＢＭ、昇陽和惠普等硬體業巨人的內部技術優勢給掃蕩殆盡。九〇年末期網際網路迅速普及，又進一步增強模組標準化，以及便於連線的趨勢。

首先走上標準化道路的是，在電腦硬體層級上比ＰＣ高一級的伺服器和工作站。在一九九〇年代初期，這些都是功能強大的專門機型，只有少數業者生產，且各自提供特有的技術。例如，昇陽的伺服器使用Sparc處理器，以及屬於Unix系統的Solaris軟體。

可是，由於處理能力不斷提升，這些原本強大的機體，也變得跟PC越來越沒有區別。不多時，基本的伺服器跑的是英特爾晶片，用的是視窗作業系統。戴爾很快跟進，成爲視窗伺服器最大供應商，自屬無足爲奇。商品電腦的經濟效益太過誘人，再次使得伺服器購買者無法抗拒。舉例來說，石油業巨人亞美拉達赫斯（Amerada Hess）以戴爾工作站取代IBM硬體後，每年的租用和操作成本便從一百五十萬降到三十萬美元。④

今天，由於處理器的速度不斷提升，Linux開放原始碼作業系統大舉入侵伺服器市場，轉換爲標準化硬體的速度也隨之加快。知名網際網路搜尋引擎業者Google，提供我們一個未來發展的明確指標。雖然需要龐大的運算能力來索引和搜尋數十億個網頁，該公司的硬體卻是用現成的組件、過時的微處理器和開放原始碼軟體組裝而成。⑤

二〇〇二年，Google執行長艾瑞克·施密特（Eric Schmidt）宣布，他的公司無意留然購入英特爾和惠普所開發的Itanium最新處理器，便引起IT業界的震撼。誠如《紐約時報》所報導的，施密特「未來的展望」是，「小而廉的處理器可以充當組成新等級龐大資料中心的樂高積木，逐漸取代一九八〇和九〇年代的舊式大型主機和伺服器」。⑥

主要線上零售商亞馬遜網路書店（Amazon.com）緊隨Google之後，單是二〇〇一到二〇〇二這一年間，就削減近二五%的IT經費，其中大部分靠的是把使用專屬晶片的伺服器和作業系統，改成利用比較便宜的英特爾電腦來跑Linux。⑦產業界巨人奇異公司也採取同樣的做法。依ＧＥ資訊長蓋瑞・雷納（Gary Reiner）的說法，公司把很多企業應用軟體轉到商品硬體上，使得新系統投資減少達四〇%。⑧

戴爾鎖定的另外兩個市場——儲存和網路系統，也呈現同樣的趨勢，只是速度稍慢而已。儲存系統大廠如ＥＭＣ，直到最近還能維持專屬的硬體與軟體規格。其實，戴爾在受挫於缺乏通用標準，已在二〇〇一年敲定一項五年協議，經銷甚或是生產ＥＭＣ設備。可是，跟伺服器的情況一樣，儲存系統也出現硬體同質化的趨勢，使用者和製造商已在研究技術標準，以便各公司能把向不同廠商購買的儲存硬體，當成單一的系統來使用。二〇〇三年底，業界領袖ＥＭＣ和ＩＢＭ達成分享儲存軟體細節的協議，以確保雙方硬體能有更高的互通性。同時，低價位的競爭者如日本電子業巨人日立公司，則藉由提供配備開放原始碼軟體的標準電腦，在市場占有率上大有斬獲。⑨隨著競爭激化和價格下跌之餘，會有越來越多的公司把儲存設備看成是一種商品。

接著是網路系統。戴爾已經推出一系列的簡易交換器（switch），並以大約爲業界龍頭思科（Cisco）五分之一的價格販售。高階交換器和路由器（router）仍是專屬系統，各自配備著精密和保護嚴密的晶片與軟體，但在此，發展方向也已昭昭在目。依《商業二・

〇》（*Business 2.0*）二〇〇三年有篇文章的說法，「如同儲存系統的情況一樣，業界龍頭已瀕於喪失掌握專屬網路硬體的境地。英特爾和 Broadcom 正把指令內建到網路晶片裏，此舉形同讓有興趣的硬體製造商都可以運用他們多年研發的成果。」⑩隨著ＩＴ能力的進展，昨日的神奇機器，已變成今天便宜的盒子。

當然，這並不保證戴爾會主宰這些硬體市場。該公司所面臨的激烈競爭，不僅有ＥＭＣ、日立和思科等專業設備製造商，還有ＩＢＭ、微軟和惠普等巨人。所有的ＩＴ大公司都全力防範基礎科技的控制權，最後落入某一家公司手中，但這競爭本身不免進一步加速商品化，戴爾勝算如何姑且不論，戰鬥都會依照它的遊戲規則。

要了解競爭動力如何導致硬體商品化，透過「超越需求」（overshooting）觀念，就是最好的辦法之一。克雷敦‧克里斯汀森（Clayton Christensen）在《創新者的困境》（*The Innovator's Dilema*）一書中不殫其煩地說明，超越需求就是科技產品的效能超越多數使用者需求，從而為廉價替代品開啓一扇大門的過程。克里斯汀森解說，「產品技術進展的速度往往超越主流顧客所需求或所能吸收的改善效能速度，結果，特色與功能跟今日市場需求密切吻合的產品，所遵循的改善曲線往往超越明日主流市場需求，而相對於主流市場顧客預期，表現極為不佳的產品，明天可能直接在效能上具有競爭力。」⑪

在電腦業界，產品效能改善速度無日或已，超越需求可說是常見，甚或是普遍的現象。滿足最挑剔顧客的需求，以及保障本身最高利潤的業務，促使科技供應商積極提升最新技術，不斷爲產品增添新功能，以便維持人人覬覦的優勢。可是，新一代的科技都會超越某些顧客的需求，而這些購買者的反應往往是轉向別的供應商，買比較便宜、比較「陽春」的替代品。

最後，由於科技不斷進步，廉價版本的性能也能滿足多數顧客需要，競爭原則於是從規格轉到價格上。超越需求觀念說明了爲什麼Google可以不要英特爾最新的晶片，Amerada Hess、Amazon和ＧＥ可以將就使用較便宜的伺服器，以及戴爾憑什麼能不斷地吃掉新硬體市場，把競爭變成「價格遊戲」。它也解釋了微軟何以能取代專業的作業系統、爲什麼Linux又可以取代微軟。很多硬體製造商對超越需求的事實接受速度太慢。他們只是一廂情願地認爲，顧客需求和技術潛能永遠亦步亦趨，殊不知，電腦也許遵守摩爾定律（譯按：Moore's Law是英特爾名譽董事長摩爾所提出的看法，亦即，ＩＣ板上可容納的電晶體數目，每隔約十八個月便會增加一倍，性能也隨之提高一倍。），購買者卻不然。大部分的顧客早晚都會滿足於自己手上現有的東西，而不需要添加能力或獨門的新特色。商品電腦已經夠好了。

從使用者的觀點來看，合理的結論是，硬體商品化的趨勢最後會造成實體基礎設施的個別元件消失無蹤，各公司可單純地透過電纜或天線連接基礎設施，員工所需要的功能也可以自動傳輸給他們。屆時，用ＩＴ跟用電一樣簡單。其實，這也正是現在很多ＩＴ業者想要達成的目標。在所謂「網格運算」（Grid Computing）裏，連線的電腦不只是交換檔案和共享應用程式，而是形同融匯成單一的機體，所有的處理器和記憶系統都可共享，個別使用者的運算和儲存需求也可以最有效率的方式彼此流通。有了網格運算，網路幾乎就像昇陽公司幾年前名噪一時的口號一樣變成電腦，而運算也像水電一般變成單純的公共服務。⑫

在已經跟毛病多多且不相容的硬體纏鬥多年的商業經理人聽來，這種前景形同空想烏托邦，而且，大規模的網格運算要成爲事實，的確還得克服許多技術障礙。儘管如此，基本型態確已出現，且正在運作當中。全球有二百多萬人把自己的個人電腦獻給奇特的ＳＥＴＩ（The Search for ExtraTerrestial Intelligence：找尋外星智慧生物）計畫，設法從來自外太空的無線電訊號中，找出智慧生物的跡象。由設在波多黎各的阿雷西伯（Arecibo）望遠鏡，把所蒐集到的以兆位元計的資料，透過網際網路分傳到參與者的電腦，讓它們運用空閒的時間加以處理。多家企業也在實驗將自家的電腦連接成網格，以便更爲充分地利用閒置的處理能力。

網格運算要在更廣大的規模上立足，還需要一個新層級的軟體來協調所有連線的硬體，以及一個簡單的介面讓使用者無從得知網路的複雜性，就像麥金塔圖形介面掩蓋住個人電腦繁複的運算過程一樣。包括微軟、IBM和惠普在內，很多IT大廠都如火如荼地研發所需的軟體，希望能促成網格運算普及，最後從中得利。他們若能成功，不啻標示著電腦硬體商品化的最後一步，此後所有的電腦設備在使用者眼中都沒有分別。這時，具體的IT基礎設施便告完成，而且大部分會化爲無形。

軟體商品化

接下來還有軟體。軟體跟硬體不一樣，不具實體外形，不像「產品」有固定或明確的主體。理論上它可以塑造成無數種形式，以滿足理論上無限數量的用途，似乎跟「思想」一樣，既抽象又具有可塑性。《紐約時報》記者史提夫．羅爾（Steve Lohr）在《*Go To*》一書中說道，「軟體是人類智慧的具現」⑬。然則，「人類智慧」怎麼可以商品化？

總之，這是很多IT業者宣揚的共同觀點。在概括的層面上，軟體創意無所限制，不失爲正確的觀點，但扭曲了軟體實際的商業應用上這個比較平凡的事實。老實講，對經理人和工人來說，軟體不是「觀念」或任何其他抽象的東西。軟體程式，特別是應用程式是實實在在的產品，由眞人用眞錢買來，希望達到眞正的結果。一旦把軟體看做產品，而不是抽象的東西，它就跟最常見的實質物品一樣，很容易受到經濟、市場和競爭規則影響。事實上，軟體的無形特性正好賦予它若干特徵，這些特徵加起來又使它比許多有形的產品更易於商品化。

軟體程式尤其受制於極爲強大的規模經濟。創作一個程式需要有高技術的勞力、精心的規畫、嚴格的品質保證、卓越的協調能力和不斷的測試，所費不貲。不過，程式一寫好、程式生產的具體限制就很少，複製和流通極爲便宜，很多時候甚至是幾近免費。軟體發展史大體可以解釋爲，不斷嘗試更充分地落實規模經濟，盡可能把高價的開發成本分攤到最多的使用者身上。儘管常常有人說軟體想要自由，其實比較正確的說法應該是，軟體想要被分享，或換個方式來說，軟體想要變成商品投入。

一九五〇年代初期，商界開始使用電腦的時候，各公司必須自己寫程式。當時，硬體製造商提供的軟體很少，軟體業根本還不存在，買了大型主機的公司連最基本的功能——如把二進位數字轉換成十進位數字，或反過來轉換——也得自行開發程式。由於寫一個可用的程式既繁複又花錢，重複開發的情況極爲驚人，很快就看得出必須有所改變。

IBM擔心軟體開發成本會阻礙各公司購買電腦，於是協助擁有當時主流商用電腦，也就是該公司的七〇〇系列大型主機的人，組成一個使用者群組。這個很傳神地稱爲「分享」（SHARE）的群組有個主要目標：藉由軟體交流，讓各公司降低IT成本。SHARE成立第一年，大約有三百種程式在成員間自由流傳，省下的開銷估計達一百五十萬美元。⑭

SHARE所提供的先例，現今已被視爲商業軟體的首要信條：只要最後節省的成本夠大，公司可以犧牲自己的獨特性。當然，這種「交易」在商界司空見慣，不獨軟體如此。當一個廣泛使用的資源過於昂貴，且明顯合乎規模經濟時，成本估算往往凌駕策略考量。這類情況常有的現象是，資源供應的管控從使用者轉移到外部供應者。老實說，軟體就屬這種情況。

由於程式越來越複雜，原始碼從數千行，增加到數十萬，乃至數百萬行，透過使用者群組分享已經不夠。大多數的公司都負擔不起內部開發程式所需的人力，於是逐漸把開發工作委託給首見於一九五〇年代、六〇年代激增的專業軟體商。公司保留的程式設計師的工作重點，也開始從寫新程式轉移到維護、修改和解決既有程式的問題。

新軟體商集中專才，服務更多的用戶，提供更好的手段以掌握軟體發展少不了的規模經濟。同時，他們的出現也促成商業軟體進一步走向商業化的道路，開始從專屬資源轉變爲購買的商品。雖然軟體承包公司爲委託人所製作的是所謂「定製的應用程式」，其實定製成分比眼見的要少得多。承包商爲了能夠在各委託案間重複利用原始碼，往往專門承接特定產業或商業流程的案子。「隨著軟體公司接到同一領域的契約越來越多，」軟體史學家馬丁·坎貝爾─凱利（Martin Campbell-Kelly）解釋道：「軟體工具和原始碼資產得以有效掌握知識，然後不斷地用在不同的委託人身上。」⑮唯有透過這種再利用過程，才能讓許多公司都買得起精密的程式，軟體商也可以從中獲利。

當迷你電腦和個人電腦在一九七〇和八〇年代相繼出現之後，三件事的發生更進一步改變了軟體發展，使得更多的控制權移轉至廠商。第一，業者買得起更多的電腦，導致使用人呈倍數成長，從而提供軟體更大的機會發展成規模經濟。第二，非技術員工開始跟電腦直接互動，軟體設計簡易性和標準化的重要性大幅提高。第三，網路越來越重要，促使各公司淘汰專屬的「封閉」型應用軟體，改採開放式軟體。爲因應這些發展，軟體變成了套裝商品。

套裝軟體的演進跟硬體演進有著極明顯和絕非偶然的相似之處。第一批大眾市場應用軟體，如文書處理和試算表軟體，往往都是跟最廣大和技術敏感度最低的顧客層相關，換言之，也就是辦公人員及企業架構「周邊」人士所使用的軟體。套裝軟體從這裏不斷「內移」，將更專業的工作自動化。微處理器的能力和互通性的需求不斷提升促成了硬體標準化，同樣的，這些力量也造成日趨精密的應用軟體同質化。到了一九八〇年代末期，各公司不只買現成的文書處理和試算表軟體，也購買通用型軟體做資料庫管理、網路連線、會計、帳目、工廠排班、原料管理、電腦輔助設計等等。以往可以爲這些技術面和商業面的功能特別寫程式，但是所費不貲，現在，任何公司只要以區區幾百元就可以購得相同的能力。

套裝商業軟體的興起，隨著一九九〇年代引進企業資源規畫（ERP）系統而臻於最高潮。現代企業所面臨最棘手也最花錢的問題之一：互不相容的特定用途軟體激增。由德國公司SAP首開其端的ERP套裝軟體宣稱可以解決。有時的確也頗能解決。公司及各事業部門和人力單位把一項項業務自動化後，馬上就發現自己處理的是一大堆用不同語言撰寫、跑不同硬體和作業系統的系統，根本無法共用資訊。軟體紛歧的結果，同樣的資料得分別輸入許多不同程式的系統，不但得花很大的成本去維護和解決問題，也造成大量無謂的工作和失誤，進而使主管人員只能看到資料的零碎堆積，無法明確了解自身業務的全貌。

SAP的ERP軟體和隨後出現的競爭系統，是以單一的整合系統模組來處理會計、人力資源管理、生產規畫、定價和銷售等核心的管理應用問題。所有的模組都從單一的資料庫存取資料，減輕無謂的資料輸入、減少失誤，讓經理人員比較能立即掌握業務運作的全盤狀況。ERP系統的元件雖有部分可依特定的產業或公司作業流程量身定做，但這技術性定製工作卻是由外部的顧問利用標準化的建置工具（Configuration Tools）來進行，這也意味著，凡是有價值的定製都可能被別的公司倣製。到了一九九〇年代末期，已可明顯看出，高度複雜的定製並不合乎投資效益。各公司體會到修改複雜的程式只會招來延誤和費用，卻無法提供有意義的區隔後，已逐漸選擇採用預設的建置。[16]

而且，從功能面來說，各軟體商的系統其實沒有太大差別。不管你是向SAP、甲骨文、PeopleSoft，還是Baan購買ERP，基本的功能性和優缺點大致相同。由於軟體商彼此拷貝對方的特色，每有新一代的軟體出現，同質化就越大，各程式間的差異也就陸續消失。一九九八年，時任甲骨文總裁的雷伊・蘭恩（Ray Lane）坦承，「在SAP、PeopleSoft和我們的產品之間，用戶找不到五%的差異。」[17]

ERP系統以及自動處理供應鏈管理和客戶關係管理之類的企業資源系統，都相當複雜，寫起來很花錢，SAP即便在開發大型主機版的程式之後，仍然得花上將近十億美元才能製作出主從架構（client-server）版⑱。個別的公司絕對不可能自己寫原始碼，整合的企業系統只有靠外部的軟體商，才能把開發成本分攤到許多用戶頭上。由於各大公司莫不在軟體商門外大排長龍，商品軟體便直趨企業核心。同樣的，在商界主管心目中，從共享軟體所取得的效率，凌駕於喪失獨特性的代價之上。

一旦技術創新的重心由使用者轉移到軟體商，各公司就更加難以區別了。十九世紀末葉和二十世紀初期導入機械工具，提供我們了解這種進程如何產生作用的實例。有三個理由讓機械工具可以跟電腦軟體做很好的類比。第一，它們藉由儲存零件或物品的形狀、大小和生產程序等相關資訊，加以自動處理，本身就是一種軟體。第二，它們可以設計成幾近無限的應用方式，從最基本到極複雜不一而足。第三，它們擅於提升生產力，每一個製造商都不得不使用，很快地就遍布產業界。

最早的機械工具，是工匠用木板做成的簡單夾具，用來導正鋸子或刨子的切割。越有能力設計和製作夾具的工匠，工作速度越快，產品的品質也越高，這就使他或他的雇主享有優勢。然而，到了十九世紀末葉，電力和電動馬達問世，更爲精密的機械工具和一種新的行業——機械工具供應商——因應而生。辛西納提銑床公司（Cincinnati Milling Machine Company）之類的機具製造商，靠著出售機具給不同的公司，就可以達到規模經濟的效應，昂貴的開發成本分散給許多客戶。在二十世紀前半段，機械工具透過齒輪系統、水壓和電機控制這一系列技術上的進步而快速發展，每一階段都產生更為精密的工具，提升產業的精密度、速度和適應性。

機械工具的進步大幅改善了製造業，並提升生產力和產品品質，但由於機具都是由專業廠商生產，他們自然會設法多賣一些給製造商，好把銷售量衝到最高，技術上的進步也就很快在製造業擴散開來。利益不是專屬於某一製造商，至少不會獨占很久。因此，機具改善往往不會提供個別製造商持久的競爭利益，而是使整個產業強化。⑲軟體「廠家化」(vendorization) 走的是同樣的道路。

軟體的未來

軟體生產的規模經濟效應雖說明了由廠家提供並由多家公司共享的套裝、通用軟體興起的原因，但軟體也很容易受到「超越需求」的效應所左右，更進一步把它推向商品化。軟體開發商跟硬體製造商一樣，為了要滿足「有力使用者」，以及超越或至少能與競爭者並駕齊驅，不得不時時改善程式。不過，軟體多了一個促成超越需求的力量。因為軟體並不是實物，沒有消磨破損的問題，永遠不會衰變，要讓用戶再買程式，唯一的辦法是讓程式更好，也就是「升級」。藉由不斷提升技術以維持升級周期，是多數套裝軟體商達成經濟效益的關鍵，但這也加速超越需求的進程。例如，微軟在一九八〇和九〇年代對 Office 套裝軟體進行多次獲利甚高的升級，卻在推出 Office 97 版之後發現，市場配合程度已經降低。很多使用者都不需要最新功能，升級周期幾乎停擺。事實上，不樂意的用戶後來反迫使微軟發表一個能在 Office 95 上開啓 Office 97 檔案的特殊轉換程式，讓他們能繼續使用舊版的軟體。⑳微軟的 Office 已經超越了大部分用戶的需求。

跟硬體一樣，超越需求也替廉價、商品版應用程式開啓了大門。這相當程度地說明了開放原始碼軟體所以越來越受歡迎的原因。儘管早期的開放原始碼程式有點笨拙，沒有精巧的使用者介面，且須做許多調整和設定，但隨著軟體能力提升和越來越**標準化**，使用人口也穩定地成長。如今，主流網路伺服器軟體 Apache 就是開放原始碼程式，且已打下六五%的市場占有率，㉑ Linux 作業系統也不斷和微軟以及專屬型 Unix 系統爭奪占有率。在資料庫軟體方面，開放原始碼的 MySQL 正在蠶食甲骨文、IBM和微軟的傳統高價程式。此外，很多開放原始碼應用程式也在開發或改進中，如檔案格式與微軟 Office 相容的免費辦公室套裝軟體 OpenOffice 就是。我們不太有理由懷疑，這些應用軟體功能提升之餘，也會逐漸取代傳統軟體商較高價的套裝軟體。

其實，免費軟體的散播有時是由老字號的公司所促成，因爲他們把它看做是挖競爭對手牆角的辦法之一。舉例來說，IBM在二〇〇〇年宣布支援Linux，主要動機之一就是要跟微軟和昇陽這兩大對手搶作業系統用戶。SAP在二〇〇三年開始向用戶分送MySQL，也是懷著相同的目的。這家企業軟體巨人最樂見的莫過於，鬆動甲骨文、IBM和微軟對跑SAP軟體的資料庫的控制。在昇陽方面，該公司大力促銷廉價的 StarOffice 應用套裝軟體（它就是開放原始碼 OpenOffice 的加強版），無非是希望侵蝕微軟對PC市場的控制。資訊科技廠家最樂見對手的產品變成商品。

軟體商品化的另一個動力是，程式寫作者所用的開發工具越來越精巧。一九五〇年代初期要設計大型主機程式，軟體工程師必須以機械碼（其實就是電腦能讀取的二進位數字）來撰寫指令。到一九六〇年代，Fortran、Cobol和 Basic 等軟體語言的發展，使得程式設計人員可以使用較高階的語言，寫出比較自然、類似方程式乃至語言的程式碼。到了比較近期的時候，圖形開發工具如微軟的 Virtual Basic，物件導向的語言如昇陽的Java，讓程式設計人員更易於重複使用執行特殊任務的程式碼模組，進一步簡化軟體開發工作。模組化讓程式設計人員得以快速地複製或超越既有程式的功能性，更損及靜態專屬軟體的吸引力。

新引進的工具簡化軟體開發，也有助於程式設計人員的持續增加，解決了過去在開發和複製上人才難覓的限制。一九五七年時，專業的程式設計師全世界總共可能還不到二萬人，今天，估計有九百萬人。㉒其實，軟體開發最重要的趨勢之一，就是生產重心迅速轉移到勞動成本低的國家——尤其是印度。GE已經採用八千名印度籍特約人員，不是寫程式，就是協助操作IT系統，該公司的軟體開發業務，將近一半在印度進行。㉓不單GE如此，根據「福瑞斯特研調公司」(Forrester Research)的預測，到二〇一五年時，美國公司由於要設法削減成本的緣故，會有將近五十萬個IT工作轉到海外。㉔誠如《金融時報》所說，「印度、菲律賓、墨西哥等外地IT人員的技術能力，至少不比北美和歐洲經濟體的高薪人員遜色，且雇用這些人最高可以省下九〇%的成本。」㉕

擴大雇用海外低薪人員來寫程式，當然也和早期把製造設備遷到海外的做法相互呼應，而後者甚至更便宜。由於企業的軟體需要越來越標準化，軟體本身變得更加模組化，程式開發也越來越不像創意服務，反倒是像製造業的日常工作。的確，知名IT外包公司Cognizant的執行長庫瑪·瑪哈德瓦(Kumar Mahadeva)就自豪地稱自己公司是印度軟體開發業的「工廠」，宣稱該公司嚴格的生產程序和品管措施，比傳統軟體開發方法的效率高很多。㉖軟體開發確實需要創意天才，但未來很可能大多數的企業軟體都變成由遍布全球的無名工人所生產的商品。

值得一提的是，網際網路也在加速IT商品化上扮演關鍵角色。網際網路是一個開放的網路，進一步促進標準化，很多時候甚至加重處罰專屬的封閉系統。不僅如此，它還變成製作和散發軟體的通用平台。網際網路更讓全球的程式設計人員得以共同參與開放原始碼計畫，打開了把海外人士納入企業軟體開發活動中的大門。

面對軟體程式不斷商品化的歷史潮流時──包括極為精巧的商業應用軟體，有些IT專業人員不免會心生抗拒。他們固守傳統的軟體看法，主張軟體的可塑性可以保障創意無限，並不時會有令人驚豔的新程式出現。這話不無道理，只是有點言不及義。沒錯，軟體創新會陸續出現，且其中有些會廣受採用，但這並不表示個別的公司可以據為專屬資源。軟體趨勢不僅保證現有的程式會商品化，更保證任何新應用程式都會很快地被拷貝和廣為傳播。誘人的新程式也跟舊程式一樣，會因為商品化持續加速而變成業務成本的一環。

到頭來，軟體也跟硬體一樣，可能會消失不見。商業使用者不再執行特定的軟體，只消簡單地插入「網格」，就可以取得當時需要的工具。以這種觀點來看，未來的應用程式可由工具程式透過網際網路傳遞，視使用情況收費。這看來似乎遙不可及，但在寬頻網路和可以跨平台的軟體（如以Java寫的程式）結合之下，「工具使用模式」（utility model）在某些領域已隱然成型。例如，Salesforce.com（銷售力網站）就以很低的月費，透過網際網路提供客戶關係管理（ＣＲＭ）應用程式。該公司已有將近十萬名用戶，只需啓動瀏覽器，連上Salesforce.com，就可以取得服務，不必安裝或維護複雜的ＣＲＭ。該公司的口號「只要成功，不要軟體」，預告商業軟體快步邁向商品化的最後一步：從內部研發程式、外包應用程式、套裝應用程式，到收費服務。

架構上的創新

ＩＴ不只包含個別的硬體和軟體產品，也包括融合這些組件形成更廣義的資訊科技「架構」。ＩＴ架構非但不是靜態的，反而是不斷變革和進步，在廠家和使用者紛紛以自己的系統配合網際網路之後尤其如此。這個事實使ＩＴ和早期的基礎科技判然有別，後者往往在發展初期就臻於相當穩定的架構狀態。誠如ＩＴ專家約翰・海格（John Hagel）和約翰・奚利・布朗（John Seely Brown）所說的，「ＩＴ非但（不像以前的科技）定型在主流設計架構上，反而是迅速突破好幾代的架構，且仍迭出新意。」[27]

問題是，ＩＴ架構上的技術進展究竟是提供個別的公司足以守成的優勢，還是會很快地融入共享的基礎科技，從而變成人人唾手可得，人人都負擔得起？這個問題把我們帶回「廠家化」的概念。私有的封閉型網路光芒被開放網路所掩之餘，個別的公司繼續開發專屬型ＩＴ反而會招來反效果。所以，目前出現在架構上的進展，大部分都出自廠商；他們有很龐大的經濟和競爭上的動機，必須大力促銷自家的創新產品，俾廣爲採用，變成業界的標準。

且以ＩＴ架構的關鍵元素爲例，亦即人與裝置連上網路的方式。過去這幾年，我們看到有線連接很快地轉換成無線連接，前者通常是用以太網的電纜，後者則往往用 Wi-Fi 天線。Wi-Fi 意爲「無線傳輸」（Wireless Fidelity），是贏得新聞界「明日之星」（Next Big Thing）封號的科技進展之一，就這個個案而言，該稱號可謂名副其實。無線連接提供使用者更大的彈性，且安裝和維護也往往比有線網路便宜。

不過，Wi-Fi 非但沒有成爲個別公司的潛在優勢來源，反而早已變成商品，成爲通用基礎設施中一個低廉，且越來越普遍的成分。爲何發生這種情況，且發生得如此快速，頗饒興味，因爲它說明了ＩＴ進展承受著巨大的商品化壓力。Wi-Fi 技術是一九九〇年代中期才開發出來，到九〇年代末期時，生產處理 Wi-Fi 訊號所需的半導體主要製造商，是一家相當小的公司——Intersil。可是，Wi-Fi 具有廣大商業潛力的態勢一明朗，英特爾馬上跳進市場，開始削價販售迅馳（Centrino）品牌的 Wi-Fi 晶片。根據《華爾街日報》的說法，一九九九年時一個 Wi-Fi 晶片售價大約五十美元，但到了二〇〇三年年中，英特爾所賣的 Centrino 晶片只有二十美元左右，估計每賣一個就虧本九到二十七美元。

英特爾怎會樂於不惜血本賣 Wi-Fi 晶片？不說別的，消除市場利潤就可以毀掉一個新興的對手。當然還有更深層的理由。Wi-Fi 網路的廣大普及性勢必會刺激各公司和個人捨去固定的桌上型電腦，改買移動式筆記型電腦，英特爾在筆記型電腦的晶片組可以比桌上型的賺得更多。換句話說，Wi-Fi 迅速成爲商品符合英特爾的策略利益。正如英特爾主管對《華爾街日報》所說的，「我們正設法取消（採用 Wi-Fi 的）成本方程式。」㉘同時，在電話公司和其他無線服務供應業者之間的競爭之餘，飯店、旅館、辦公園區（譯按：office park，指把各自獨立的辦公大樓集中在一起，統一規畫、統一建設而成的辦公大樓群，實行統一管理）和大學各處 Wi-Fi「熱點」（hot spot）激增，也讓無線存取既便宜又簡單。ＩＴ廠家之間激烈對立，保證會讓幾乎所有的ＩＴ架構創新產品變得低價即可取得。

ＩＴ架構裏有個影響可能更深遠的轉變，就是走向所謂的「網路服務」（Web services）。雖然網路服務一詞的定義依倡導者的商業利益而各有不同，但它基本上是一組軟體標準和讓不同的系統可以透過網際網路溝通的應用程式。其實，網路服務就是在性質各異的系統上加個介面，讓它們不必更動內部運作方式就可以連接和共享資料與應用程式。網路服務跟網格運算息息相關，都可以消除現有企業電腦和應用程式間的不相容性，讓它們可以嚴絲合縫地互通。這種所謂「服務導向的架構」興起，讓許多公司可以更輕易地整合所謂「老舊系統」，不啻是天賜恩物。然而從廣泛的層面來說，這種架構可以提供一個平台，讓軟體應用變成在網路上流通的「服務」，公司也可以自動匯整外部供應商的應用模組，重新配置ＩＴ系統。

然而，以上所述都還只是紙上談兵，至於這服務導向的架構有多完備，或能否真的落實，則有待觀察。技術和政治上的挑戰甚大，從建立複雜、穩妥的資料標準，到確保安全、可靠，仍有待達成。㉙但有些公司已安裝基本形式的網路服務，加上廠家投下鉅資致力研發這種概念的事實，顯示起碼有些網路服務科技的要件會納入通用的ＩＴ基礎設施中。

不過，這類的技術創新同樣是來自廠家，而不是出自使用者。只要是服務導向的架構展現出具有商業價值，透過它所傳佈的架構和服務都可望很快地遍及所有的公司。的確，網路服務逐步把商業應用掌控權轉移給外部的服務供應商，所標示的是邁向「提供實用」型IT能力的高峰。這並不是說個別的公司沒有機會在近期內以獨特方式利用全新的基礎科技，㉚不過，歷史顯示，由於最佳應用很快地傳播開來和競相模倣的緣故，即便是新基礎科技的使用法也會同質化。㉛

不論網路服務的前景如何，由於廠家競相讓IT基礎科技變成更穩定、更具彈性和更可靠的商業管道，IT架構上的創新必定會以各種形式陸續出現。這些進展的利益雖大，但往往很快變成普爲共享。昇陽執行長史考特・麥克尼利以饒富意義的火車頭類比來形容企業IT架構，他說過去公司必須「自組拼裝車」，買各種軟體和硬體零件，組裝成專屬的架構以便自用，但今天我們已經進展到新時代的開端，公司只須雇輛「計程車」、向外部廠家租個現成的整合架構就行了。㉜這種轉變雖在性能和成本上大有斬獲，但卻降低IT架構的策略意義。自組拼裝車也許要花很多錢，但你起碼還有機會造出一輛比競爭對手更好的車子。叫計程車這碼事兒，人人不分上下。

夠了就是夠了

IT業界的根本迷思之一是認爲，它永遠不會變爲成熟的產業——技術進展沒有限量，創新的行爲可能、乃至勢必會打破有礙成長與成功的一切障礙。連 Google 執行長施密特以廉價組件拼湊成公司的系統時，也宣稱ＩＴ廠家要擺脫二〇〇〇年代初期的頹勢，唯一的辦法是「提出嶄新的見解，而我們在這方面特別在行。」㉝就一個由不斷奮進和不斷競爭所驅動的事業而言，這種永保青春的觀念是適切甚或必要的迷思。但這畢竟只是迷思而已。

儘管有數百萬個強力微晶片、無數哩的光纖電纜和數十億行複雜的程式碼，在概念的層面上，商業ＩＴ基礎科技其實沒那麼複雜。它所需要的不過是大量儲存數據資料、迅速將資料傳輸到需要的地方、讓使用者能取得並處理資料，以便完成經營事業所需各種實際工作的機制而已。就某種程度而言，現有的硬體和軟體往往已綽綽有餘——它們可以執行大部分的必要機能，完成大部分的目的——再進步不過是吸引一小群使用者，所能提供的也只是更細微和更短暫的優勢。

其實，這種論點可能已經晚了。西北大學經濟學家羅伯・戈登（Robert Gordon）在二〇〇〇年《經濟前景期刊》(*Journal of Economic Perspectives*)刊出的專文中就已主張，各公司往往在電腦自動化初期就達到最大利益，之後，科技進展的實際利益便陡然降低，戈登從分析中提出「電腦產業發展的第二明顯特徵是，在價格降低之後，投資報酬率銳減的速度無與倫比」。他的結論是，極有可能「電腦最重要的用途是十多年前所開發的，

不是目前的發展」。㉞

這種看法絕不僅限於象牙塔內的人士，很多的商業主管都把有效利用現有的IT資產列爲優先，同時避免在新技術上多花錢。他們的想法也反映一種方興未艾的觀念，即IT投資已跨越報酬遞減的臨界點。北美最大金融機構之一的BMO金融集團的董事長兼執行長湯尼·康波（Tony Comper）估計，「在我的機構裏，客戶和員工這兩個主要的使用者，其實只利用到大約二〇%的電腦運算能力（這還是我很大方的估計），其餘的投資大部分是浪費。」這使他找到今日IT「更大的眞相」：「BMO跟大多數的第一流機構一樣，目前只需要可以成功地與人競爭的基本科技。」㉟

對IT業界那些說服自己相信IT的好處會無限升級的人而言，這種結論不啻是個詛咒。㊱不過，這說不上是壞消息。說IT最重要的商業創意是在以前，並不表示這個產業失敗，反而是說它已經成功了。IT業界透過企業熱忱、無畏的創新和冒險好勝的精神，在相當短的時間內創造一個可以爲所有公司所用、可以帶給所有人好處的新商業基礎。這情形跟鐵路科技、電力和電話服務一樣，我們無疑還會看到有用乃至巧奪天工的基礎科技陸續問世，而這些進展有很多會立即爲全體產業所採用，從而提高生產力、改善產品的品質、讓客戶更開心。只不過，這些創新既不會改變資訊科技實質上的商品性質，也不會改變ＩＴ在商業中的角色的全新事實。

4

消失中的優勢

資訊科技在商業界改變中的角色

許多跡象顯示 IT 建構已接近終點，

絕不是還在初始階段。

第一，IT 的能力已經凌駕它所需完成的工作。

第二，IT 基本功能的價格已下跌到大致上人人都能負擔的地步。

第三，網際網路的容量已經趕上需求量。

第四，微軟、IBM、惠普、昇陽等 IT 主要廠家

莫不急急忙忙地把自己定位爲「隨選」服務的供應商，

換句話說，也就是當自己是公共事業。

一九九〇年代中期，網際網路淘金熱方興之際，出現了兩份學術研究，探討資訊科技和競爭優勢之間的關聯。第一份是麻省理工學院艾瑞克·布萊恩喬福森（Erik Brynjolfsson）和羅林·奚特（Lorin Hitt）所做的研究，刊於一九九六年《ＭＩＳ季刊》（*MIS Quarterly*）。①布萊恩喬福森和奚特此前做過突破性的研究，探討資訊科技投資對商業生產力的影響，其結論爲：電腦系統起碼在最後眞的能增加生產力。②他們於是決定再看看生產力增加之後的發展：那些公司到底是在利潤提高的情形下保有生產力增加的好處，還是又把收益投入競爭中，結果好處都落入消費者口袋裏？

這兩位研究者爬梳美國三百七十家大公司的ＩＴ支出和財務表現資料，首先看看這些支出是否改變該公司的生產力，結果再次證實他們早先的結論，發現相當充分的證據顯示生產力確實有所改變。他們發現：「有力的佐證，支持原先的假設，亦即ＩＴ對總產值確有正面助益」。即便在計入資本支出後，也發現ＩＴ投資通常可以經由改善生產力而產生「高投資報酬率」。③

可是，當他們再看提升生產力的經濟效益如何分配時，便發現有力的跡象顯示最後大多便宜了消費者。他們所檢查的公司財務資料，「顯示ＩＴ造成異常獲利率的跡象甚微」，反而呈現「ＩＴ對獲利率可能有整體負面效應」。④不過，消費者顯然從各公司的Ｉ

T投資裏，獲得實質的經濟利益。這兩位研究人員在結論中說，「我們研究獲利率的結果顯示，一般而言，各公司都在做必要的IT投資，以維持競爭平等，但無法藉此取得競爭優勢」。⑤

第二份研究在次年披露。賓州大學華頓商學院（Wharton School）的巴巴·普拉薩德（Baba Prasad）和派屈克·哈克（Patrick Harker）所做的研究，是探討IT資本支出對美國銀行業的業務表現有何影響。由於銀行所需處理的交易量十分龐大，他們在IT上的投資也特別大，而業務的複雜性又促成很多銀行自行開發高度定制的應用程式。若說IT對競爭優勢有重大影響，銀行業應該特別明顯，可是，普拉薩德和哈克在爬梳美國四十七家主要零售銀行（retail bank）的詳細資料後，無論從資產報酬率還是股東權益報酬率來衡量，都沒有發現IT資本支出提升獲利率的證據。不僅如此，他們倒是發現，由於安裝系統的成本超過性能表現上的收益，這些支出連提升生產力也談不上。他們的結論是，資訊科技雖是競爭必備，卻沒有給銀行帶來競爭優勢。「所有銀行都可以輕易取得IT，意味著IT投資已無法提供任何競爭優勢，」兩位研究人員在報告結語裏寫道。「IT投資對銀行獲利率的影響是零，或是無足輕重。」⑥

這兩份報告在學術圈外沒沒無聞，幾乎不曾引起注意。當時，商業大師、管理顧問和科技記者莫不欣欣然地宣告「舊經濟」死亡，高唱數位商務模式霸權來臨，商務前途的態勢明明白白就在軟體裏。然而在今天，研究人員的發現，似乎比一九九〇年代末期過熱的論調更能引起廣大回響。雖然這些研究探討的是一般的結果，而不是特定公司的經驗，但卻是率先提出明確跡象，指出各公司往往保不住經由IT創新所取得的競爭優勢。研究顯示，IT的策略潛力可能相當有限，且IT很可能會跟以前的基礎科技一樣，很快地變成單純的營業成本。⑦

揆諸硬體和軟體迅速標準化和商品化的特徵，這種發現應屬無足爲奇。IT商業角色的演進的確密切呼應以前基礎科技所建立的模式。舉例來說，IT基礎的建構就和鐵路或電報系統一樣令人歎爲觀止。且以幾個統計數字爲例，二十世紀最後二十五年裏，微處理器運算能力成長了六六〇〇〇倍；⑧軟體支出從一九七〇年的不到十億美元，躍升到二〇〇〇年一千三百八十億美元；⑨一九八九到二〇〇一這十二年間，網際網路的主機數目從八萬台成長到超過一億二千五百萬台；過去這十年間，全球資訊網的網站數從零成長到將近四千萬個；⑩至於所鋪設的光纖電纜長度，自一九八〇年代至今已達二億八千萬哩，正如《商業週刊》(*Business Week*) 所說的，足以「繞地球一萬一千三百二十圈」。⑪持續密集的投資已經把先進的資訊科技，帶入已開發世界每一個稍具規模的公司都觸手可及的範圍裏。

這並不表示所有的事業都以同樣的速度接納新科技。基礎科技變成共有和標準化的資源，乃是一種有機和演化的過程，依業務和競爭特徵、可取得的資本、政府管制等等因素，不同的產業和國家，進展的步調也有所差別。以美國爲例，金融服務業很早就大力投資IT，高度資本化的銀行、保險公司和經紀商，很快就著手將交易密集的業務自動化，但處於群雄割劇狀態又有免於競爭之保護傘的健保業，雖然也有處理複雜資訊和交易的需求，但採用IT的速度卻是相當緩慢。因此，今天IT仍有相當潛力，可提供健保供應業者較金融機構更多的競爭優勢。不過，殷鑑不遠，即便考慮這些自然變數，一般而言IT策略角色已經快速且無可阻擋地消失。

IT新興時

IT跟早期的基礎科技一樣，在建構初期還可以當做專屬技術般「擁有」的時候，可提供手腳快、目光前瞻的公司許多機會掌握可持續的競爭優勢。這種優勢有時是立基於優先取得新的硬體和軟體，有時是建立在對IT的用途或轉變的力量有過人的洞見，有時則是機會佳和見識高兼而有之。

最早期的取得障礙屬技術層面。由於商用電腦在一九五〇年代之前還不存在，想要有部電腦的公司完全得靠自已。英國茶坊業者萊昂斯公司就是採這種做法。一九四七年，素以創新商業手法聞名的萊昂斯董事們體會到，將日常的事務機能——如薪資管理，以及比較複雜的業務程序——如倉儲管理等自動化，可以取得略勝競爭者一籌的優勢。該公司於是組織了兩個技術專精的員工小組，一個負責做電腦，另一個專門寫軟體。四年後，該公司的奠基電腦——命名為LEO，代表 Lyons Electronic Office，即萊昂斯電子辦公室——終於可以運作。根據當時的報導，這部設在倫敦總公司「一間網球場大小的房間裏」的龐大機器，⑫配備五千根真空管執行運算，幾個注滿水銀的圓筒做儲存資料之用。萊昂斯因而掌握資訊處理優勢，讓競爭對手好幾年都無法望其項背。該公司不僅把處理一位員工週薪所需的時間，從八分鐘降到不消兩秒鐘，還可以更有效率地補貨和分銷貨品；而且，首次得以追蹤各產品和店頭每天的成本與盈收。

有此技術或勇氣自建電腦的公司還有好幾家，但這種英勇行徑過沒多久就變得沒有必要。就在萊昂斯孜孜矻矻研製大型主機的時候，幾家電子和商務機器大公司也逐漸察覺電腦的商務潛力。一九五一年，也就是LEO開始運作的那一年，雷明頓·藍德公司（Remington Rand）推出 UNIVAC，把第一部可設計程式的電腦推向一般商業市場，不出幾年光景，安訊（National Cash Register）、GE、飛歌公司（Philco）、美國無線電公司（RCA）、寶來（Burroughs），以及最重要的IBM公司等大供應商，也先後製作商用大型主機。

隨著電腦越來越易於取得，商務運算的技術障礙雖逐漸消失，但仍有令人卻步的經濟障礙。只有財力充裕的大公司負擔得起購買和租用大型主機，以及維持操作所需的技術人員。例如，早期的UNIVAC，每部售價上看一百萬美元，一九五二年IBM推出首批商用電腦七〇〇系列時，每年租金超過十五萬美元。⑬當時，只有少數幾十家公司負擔得起如此高額的支出。

不過，硬體再怎麼貴，最大的取得障礙還是出在軟體開發上。由於電腦製造商很少注意到軟體的緣故，各公司必須自行召集程式設計人員，而這卻是很花錢的計畫。何況，公司即便有錢雇用必備的程式設計員，往往也很難招募到。因爲，當時精於撰寫機器碼這種技藝的人才極爲稀少，且往往都在軍中服務。

當然，製作資訊系統的難度很高，也意味著能先馳得點的公司，就可以跟對手拉開很大的距離。一項企業資料處理上的突破，競爭對手得花上好幾年才能複製，美國航空公司的Sabre訂票系統，就是取得這種率先行動者優勢（early-mover advantage）最著名的例子。一九五三年美航開始跟ＩＢＭ討論建立訂票系統電腦化的可行性時，航班訂票需透過大部分得是人工處理的龐雜手續，既是勞力密集，又容易出錯。劃位資訊和乘客資訊分開保管，需要很複雜的協調程序，也增加成本和出錯的機率。爲處理所有的資料，各大航空公司都得維持龐大的訂票辦事處，依當時的說法，活像是「戰爭作業室」⑭。美航雖已裝設一個叫「訂票器」（Reservisor）的原始機械系統來追蹤劃位情形，大部分仍得靠傳統而麻煩的人工作業。

美航認爲，改善訂票作業可提供鉅大的競爭利益。第一，自動化系統可節省勞務成本。第二，減少錯誤即可減少每一班次的空位「安全存量」，大幅提升收益。第三，一旦訂位比別家航空公司可靠和容易，顧客也會比較樂於搭美航。最後，集中化和電腦化的系統可以讓美航更精準地分析業務狀況，就航線、班次、服務和票價做更精明的決策。

然而，一九五〇年代中期的電腦硬體和軟體，卻還沒有進步到可建立這種複雜、即時系統的程度。儘管如此，必要的科技即將出現的情形也日益明朗。一九五九年，美航經六年探索分析後，史密斯（C. R. Smith）總裁毅然簽下開發必要軟體的合約，軟體將在兩部 IBM 7090 大型主機上執行。這是相當龐大又冒險的舉動，需要二百名熟練的工程師和技師花五年時間才能完成，估計花了美航三千萬美元，這在當時可是令人瞠目結舌的金額。

所幸，一九六二年開始進行首次系統測試，Sabre馬上呈現出可以發揮潛力，成爲公司競爭利器的架勢。生產力增長十分驚人：以前需要幾十名辦事員花一整天處理的業務量，Sabre幾秒鐘就可以處理完。同時，失誤率也從八％降到一％以下。⑮不出所料，Sabre系統處理的資料，讓美航能更彈性地分配資源，更精準地訂定票價。據估計，美航從這套系統所獲得的財務收益，讓該公司賺下的投資報酬率達二十五％。⑯市場利益同樣可觀。《華爾街日報》記者湯瑪斯·斐津格（Thomas Petzinger）在《硬著陸》（*Hard Landing*）一書中說道，「美航幾乎是立即拿下別家航空公司的市場占有率，包括主要對手聯合航空在內」。斐津格接著說道，美航大獲成功之後，任何航空公司「如果無視電腦革命，不啻自貽大禍」。⑰

當然，無視電腦革命的航空公司少之又少。美航的競爭對手絕大部分很快就看到美航得到的好處，立刻展開安裝訂票系統作業。IBM方面當然樂於提供協助。這家電腦巨人以Sabre經驗製作出一套叫PARS的基本系統，向其他航空公司兜售，結果相當成功。到了一九七〇年代初期，出現不少以PARS爲基礎的系統，其中，聯合航空的Apollo，雖被各界視爲在技術上優於Sabre，但美航率先起跑的優勢實在太大，以致難以超越。到了一九七〇年代末期，美航已成功地讓 Sabre 變成各旅行社最主要的訂票系統，提供美航一個重要的新收入來源，並在熱門航線上取得決定性的行銷優勢。

鎖定優勢

Sabre 這個例子說明了其優勢主要來自優先取得發展初期的基礎科技。別的航空公司雖體認到自動化訂票的潛在價値——既有的人工作業，明顯問題叢生——但首開其端做必要投資以克服技術和成本障礙的卻是美航。

在建構ＩＴ期間，除了取得優勢之外，還有很多先見優勢。美國醫院用品公司（American Hospital Supply）就是一個典型例子——說明一家公司認知到將ＩＴ當做新營運流程基礎會是何等高明。ＡＨＳ一九二二年創立於芝加哥之後，連續數年穩定成長，一躍成爲美國醫療器材主要生產與經銷商之一。一九六〇年代初期，ＡＨＳ更成爲資訊系統的開拓者。[18]當時，ＡＨＳ跟其他銷售醫療用品的業者一樣，是靠著派業務員到醫院爭取訂單，每天工作結束後，業務員填好訂單，寄回總公司做審查、分類，再轉送到合適的生產或配銷部門。由於每家醫院通常是透過多達十個不同的採購員，平均每年所下的訂單約五萬次，這種人工訂貨程序便顯得既慢又花錢，是以在電腦逐漸普及後，ＡＨＳ覺得也許可以完全避開傳統的接單方式，透過電子連線讓醫院採購員直接跟配銷部門接頭。這種系統不僅可以大幅降低ＡＨＳ的成本，也可讓該公司得以提供顧客更好的服務。

爲測試這種構想是否可行，ＡＨＳ馬上著手拼裝出一套原始的網路，在西岸某大醫院的採購部門裝上一具ＩＢＭ的資料傳輸電話（Dataphone），並將一具卡片打孔機連接到配銷中心的電話線路上，醫院的採購員把打孔卡插進Dataphone後，配銷中心會自動產生一份複件，再將複件插入ＩＢＭ單據機，即可製作出一份裝箱清單（Packing List）和發票。這套系統非常成功，填單作業更快也更準確，沒多久，二百多家醫院紛紛要求安裝同樣的系統。

到了一九七〇年代中葉，基本系統已經演進得更爲精緻，ＡＨＳ稱之爲「自動採購分析系統」（Analytic Systems Automated Purchasing），簡稱ＡＳＡＰ。由ＡＨＳ內部開發的ＡＳＡＰ，用專屬軟體在大型主機上執行，醫院採購人員可以透過終端機和印表機跟它溝通。由於訂貨作業更有效率，能讓院方減少庫存和成本，顧客很快就接納這套系統。再者，由於它是專屬ＡＨＳ所有，等於也把競爭對手摒諸門外。事實上，許多年下來ＡＨＳ是唯一一家提供電子訂貨的供應商，也在市場收益和財務優勢上風光多年。從一九七八到一九八三年推出更緊密連接顧客庫存管理系統的新版ＡＳＡＰ，ＡＨＳ的營業額和獲利率便雙雙穩健上升，年成長率分別爲十三％和十八％。⑲

AHS跟前面的美航一樣，由於善用基礎科技在草創初期的一些常見特徵（特別是成本高、技術複雜、尚未標準化）而取得眞正的競爭優勢。然而，不出十年，這些競爭障礙便一一瓦解。個人電腦和套裝軟體問世，加上網路標準出現，使專屬的通訊系統在使用者眼中毫無吸引力，在專屬權所有人眼中也變得不符經濟效益。果不其然，在一次反諷但可以預見的轉折後，AHS系統赫然從優勢來源，變成劣勢的源頭。根據《哈佛商業評論》的個案研究報告，一九九〇年代初萌之際，AHS與巴克斯特醫療器材公司（Baxter Travenol）合併，改組爲巴克斯特國際公司（Baxter International）之後，高層主管把ASAP看做是「套在脖子上的磨石」⑳。儘管如此，AHS系統帶來十多年的競爭優勢，無疑値回數倍投資。該公司決定開創電子訂貨系統，雖無法提供永久的優勢，仍不失爲極高明的商業行爲。

IT除改變特定的商業流程，如訂貨和交貨，還可以改變整個產業，並帶來新業種。在這裏，高人一等的洞見依然可以帶來重大競爭優勢，路透社（Reuter）的發展史就是明證。路透社自十九世中葉創立以來，一直是通信技術的先驅。它在一八四九年的第一次突破，絕對是屬於「低科技」層次：用信鴿帶著股價資料，飛越在布魯塞爾的比利時電報線路終點和位在亞琛（Aachen）的德國電報線起點之間的空檔。二年後，路透社改採電報，透過連接倫敦與巴黎的英吉利海峽新電纜傳送行情資訊；二十世紀初，它是率先利用無線電和電傳列印機傳送新聞的公司之一，更在一九六四年就開始利用電腦加速金融資訊的通訊。

路透社最大的技術成就出現在一九七〇年代期。當時，各國逐漸揚棄一九四四年布列頓森林（Bretton Woods）會議以來的固定匯率制度，路透社認爲一旦匯率自由浮動，蓬勃的外匯市場必會因應而生，屆時必定需要極爲快速地傳遞報價和交易資訊，交易商傳統使用的電話與電傳，勢必無法以必要速度處理如此龐大的資訊量。

路透社立即利用這個競爭缺口，推出首創的「路透監視匯率」（Reuter Monitor Money Rate）服務，在各銀行、企業辦事處和交易所裝置專用的終端機，形同自創一個在它控制之下的電子市場。這套專屬網路成爲匯率交易的主要機制，不僅提供路透社龐大的歲入和盈收新來源，附帶地還可以傳送從債券行情到新聞提要等許多新的資訊服務，提供路透社一個長達二十年的歲入與盈收快速成長的平台。一九八〇年代期間，路透社的稅前盈餘從三百九十萬鎊飆高到二億八千三百一十萬英鎊。㉑

科技複製周期

有些評論家主張，ＩＴ本身根本就不是競爭優勢的基礎，亦即，優勢來自「你怎麼利用它」，而不是科技。雖然這種說法對所有的商業資產都算是正確無誤——不懂得善用資產的公司，就不可能取得優勢——但仍不免有誤導之虞。誠如萊昂斯、美國航空、ＡＨＳ和路透社的經歷所顯示的，在ＩＴ建構初期，獨樹一幟的資訊系統可以乃至確實提供極穩固且持久的優勢根基。這系統本身就可以構成競爭對手難以克服的障礙。不過，這些故事也顯示出，爲什麼立基於ＩＴ的優勢，會隨著基礎科技成熟而越來越難達成和維持。

率先投入資訊科技者所費極爲龐大。美航爲了建立Sabre，必須投資大量的時間和金錢，隨後跟進的航空公司則花費較少而所得較多。且不說別的，跟進者可以從美航的經驗中學習，避開許多所費不貲的試驗，以及先驅者必須努力解決的失誤。此外，跟進者可以利用曾幫美航建立系統的廠家——ＩＢＭ——所開發和販售的標準化的科技，而不必像美航一樣完全從頭開始自建系統。最後，ＩＴ的進展異常快速，也確保跟進者以較低的價錢就可以迎頭趕上，甚或超越率先行動者的表現。

美航的投資所以能回收，完全是因爲跟進者猶疑相當久的時間才開始建立自己的系統。若是競爭對手能快些以較低成本複製Sabre的能力，必定很快就可以侵蝕美航的領先地位，美航的龐大投資也就肯定無法回收。Sabre個案顯示，只是取得技術優勢還不夠。所有的獨家科技方法，最後都會爲人所模倣，所以，眞正的挑戰應是盡可能把優勢維持得久些，得到良好的投資報酬，或盡可能把技術優勢化爲較持久的優勢，例如高人一等的規模或更爲人所知的品牌。

若是一家公司有相當長的一段時間無法守住技術優勢，率先行動者策略可能會弄巧成拙。競爭對手不但會迎頭趕上，還會引進更強大的系統，一舉超越率先行動者。正如ＡＨＳ最後所發現的，資訊系統一旦深植事業體中就很難淘汰，因此，率先行動者的系統很快被競爭者超越之後，也許會覺得過度投資非但無法提供優勢，反而留下過時科技的負擔（磨石），使公司的處境越來越不利。

競爭者複製新技術所需的時間——可稱之爲**技術複製周期**——是衡量ＩＴ投資策略能力的關鍵變數，而ＩＴ史所揭示的主要事實即是，技術複製周期越來越短，且由於硬體和軟體的性能日新月異、價格下跌、相關知識普及等因素，也使競爭者得以更加縮短時間趕上新系統的能力和表現。這表示，先行投資新技術回收的機率——鑑於箇中所隱含的風險，它的可能性本來就不高——也隨著時間的推移越來越小。今天，大多數IT的競爭優勢已因消失速度過快，而變得微不足道。

價格快速下跌是所有基礎科技的明顯特徵，在運算能力上尤其顯著。戈登・摩爾（Gordon Moore）提出頗具先見的著名主張說：電腦晶片的密度每隔兩年左右增加一倍。他其實是在預言運算能力行將爆炸。但他同時也等於預言，電腦性能的價格會直線下跌。運算能力成本確實不斷下跌，一九七八年時每秒百萬個指令（MIPS）是四百八十美元，到一九八五年跌到一MIPS五十美元，一九九五年一MIPS四美元，且這種趨勢仍未見消退。㉒一九五六年時，一個MB（百萬位元組）的磁碟儲存體得花上一萬美元，今天，這筆錢可以買上二十台Dell桌上型電腦，每台都配備四十GB（十億位元組）的硬碟。㉓根據麻省理工學院和華頓商學院的學者所做的研究，自一九六〇年代以降，企業資料處理成本已經下跌了九九・九％。㉔IT性能的價格迅速變得人人負擔得起，不僅使電腦革命走向平民化，也破除科技複製最大的潛在障礙之一。即便是尖端的IT性能，也會很快就普及開來。

另一個一度十分堅固的障礙是專屬網路。若一家公司能率先跟客戶與供應商建立專屬的聯結，競爭對手就很難打破這類連結。放棄現有的網路，裝設和學習新的網路，就合作雙方而言未免太過花錢。美航、ＡＨＳ和路透社都靠著分別把旅行社、醫院採購人員和貨幣交易納入私人網路而得利匪淺。不過，開放網路——特別是網際網路的興起，卻使得專屬網路的效益大打折扣。開放網路成本低、彈性高，幾乎對所有拘束甚多的聯結都是個極具吸引力的替代物，是以大多數的公司都迅速把線上交易移到網際網路上。但還是有專屬聯結的地方，如行之有年的電子資料交換（ＥＤＩ）網路，很少是因爲它還能再提供優勢，只不過是由於轉移到網際網路的成本和風險，還沒有降到值得改弦易轍的地步。㉕

網路也以另一種重要的方式促進複製進程。由於ＩＴ的價值是共享比獨家使用時高，競爭者往往會聯手開發和推行某一新系統的用途。爲了提升總生產力，他們會犧牲競爭差異的可能性，刻意地複製該技術。條碼的發展就是這麼一回事。百貨零售業體認到，通用的條碼掃描系統可以大幅降低成本，於是在一九七〇年代初期就成立一個產業聯盟，選擇通用的編碼格式和訂定技術標準，一旦選定ＩＢＭ開發的「通用產品碼」(Universal Product Code) 作爲標準，各大百貨連鎖店立即放棄個別開發的結賬方式，紛紛採用ＵＰＣ。

更近期出現的ＩＴ創新——網路銀行，提供我們一個尤其明顯的例子，說明科技複製周期加速怎麼對先行者不利。一九九五和一九九六年，數家銀行匆匆為客戶成立專屬的線上銀行系統，希望這個新的管道可以跟競爭對手有所區別（同時也阻絕一些網路新興公司）。然而，結果卻不像銀行所預估的那麼受客戶青睞，線上銀行的接受度還不高。到了大量顧客開始使用這個新管道時，網路銀行已經無足為奇，變成大多數銀行都會提供的服務，而且通常是免費的。更由於軟體廠家投入，提供基本功能的套裝軟體，引進線上銀行系統的成本很快就大幅下跌，後來者反而可以用更低的成本趕上先行者的能力。先行者非但無法取得優勢，還浪費了很多錢。

流程同質化

另一項呼應以往基礎科技發展歷程的是IT基礎技術之建立，不僅見諸科技的標準化，更反映在很多使用方式上。一百年前，機械工具廠家把精細的製造流程融入設計裏，使得這些方法能為所有公司共享。同樣的，今天的軟體製造商常常把最進步的商業流程建入程式裏。可以這麼說，由於商業系統越來越高明，軟體廠家在產品技術上一較高下的程度也越少，而是著重保住最佳商業流程的尖端能力上。

企業系統尤其如此。企業軟體不像以前的套裝軟體往往著重如打字或帳務等特定活動的自動化，而是著重整個流程的自動化——通常是某個行業的核心程序。同時，這種軟體也對流程賦予某些限制，影響甚或是決定流程該怎麼跑。舉例來說，一家公司購買Seibel客戶關係管理軟體時，也等於買到Seibel的客戶管理方法。軟體和營運行為之間沒有分別。

IT學者湯瑪斯・戴文波（Thomas Davenport）在一九九八年《哈佛商業評論》上談論ERP（企業資源管理）軟體的文章，對這種現象做了很好的解釋：「以前開發資訊系統時，公司首先決定營運方式，再選擇可以輔助自己專屬程序的套裝軟體。他們往往改寫大部分的軟體程式碼，以便能密切吻合所需。不過，若是用企業系統，順序剛好顚倒過來，亦即必須變更營運方式以配合系統」。㉖好消息是，軟體預設的流程通常也反映最新的流程設計——複製最佳流程是軟體廠家的成敗關鍵。壞消息是，它既是預設流程，就是已將技術用途標準化，公司不太有凸顯自己的空間。因此，一九九〇年代末期出現的企業系統，稱爲「現成的盒裝公司」㉗，既不令人訝異，而且頗具深意。

爲什麼各公司要做這種「交換」？理由往往跟他們向外面的廠家購買商品或服務相同：外購標準化資源所節省的成本，超越了內製資源區隔優勢的份量。有位作家在《對內運籌學》（*Inbound Logistics*）雜誌上，談到越來越多的公司購買通用運籌軟體的原因時，所流露的便是這種邏輯：「雖然大部分的公司都曾想過，自己的營運流程獨樹一幟，不可能使用可設定的軟體（相對於定製的軟體），但物流部門經理（transportation manager）很快就發覺，運用業界最佳流程，好處遠超過固守獨家流程」。㉘當然，這是明顯的高估；機伶的公司都知道，獨樹一幟的營運流程正是競爭優勢的重心。不過，談到複雜的軟體應用，購買現成版本的經濟效益十分驚人，從頭開始自建新系統的成本和風險，很少公司會認爲值得。

更進一步加速電腦及其用途同質化的是，ＩＴ業周邊所興起之共享經驗、觀念和最佳營運制度的龐大基礎。透過無數的雜誌、文章、會議、專業和學術研究，ＩＴ知識迅速蒐集、匯整並傳遍整個商界。誠如ＩＴ研究人員布萊恩喬福森和奚特所做的解釋，電腦化的種種創新「通常不受制於智慧財產權的保護，並往往在顧問公司、評測服務機關以及商學院教授等協助之下，廣泛而有意識地被加以拷貝……此外，由於ＩＴ專業人員遊走各公司的緣故，電腦相關的利益也隨著工作變動而散播開來……結果，經濟體的可能遠大於原創者的個人收益」。㉙

外購主要ＩＴ系統，乃至管理系統的方法已蔚爲風潮，勢必會進一步加速同質化的趨勢。由於各公司把預算編製、資源調度、員工培訓和客戶服務等許多ＩＴ密集的業務，都指望「業務流程委外」(Business Process Outsourcing, BPO)軟體廠家來執行，這些程序做為優勢潛在來源的角色會慢慢消失，逐漸變成共有基礎技術的一環。

主流設計興起

立基於IT的優勢還有一個潛在來源：對IT可能改變或影響整體產業的方式有過人的見解。在這個問題上，同樣有個獲得許多IT業界認同的浪漫看法，大致的內容是這樣：「現在不過是數位時代的開端，無線網、模組化處理器等技術還會繼續大躍進，人們的生活、購物和互動的方式都會改變，而這波大變革浪潮勢必會沖擊整個商業世界，創造大量的新行業，並將舊產業以現在還沒有人可以預測的方式變成沒人認得出的形態」。

這話也許沒錯；未來的確十分難以逆料。不過，我們也可以提出一個有力的論點，亦即電腦創造產業轉型的能力大部分已消耗殆盡。不錯，資訊科技無所不在之餘，我們仍然偶爾會看到eBay和音樂等若干產業依舊處在多變的狀態，但歷史告訴我們，基礎科技的轉型力量會隨著它的建構趨近完成而逐漸消失。一項技術剛興起的時候，或許會突然引起一段時間的騷動，但自由市場會刺激企業家、經理人和投資者很快地就看準和利用這個新行業的大好機會，沒多久，某一產業就出現商業學者所謂的「主導設計」，亦即整合該新科技的最佳營業方法，且為所有的公司所採用。

雖然我們很難精確地說一項基礎科技的建構幾時會完成，但不難看到許多跡象顯示IT建構已接近終點，絕不是還在初始階段。第一，IT的能力已經凌駕它所需完成的工作。第二，IT基本功能的價格已下跌到大致上人人都能負擔的地步。第三，通用流通網路（網際網路）的容量已經趕上需求量——其實，光纖電纜容量已超過所需很多。第四，微軟、IBM、惠普、昇陽等IT主要廠家莫不急急忙忙地把自己定位為「隨選」(on demand) 服務的供應商，換句話說，也就是當自己是公共事業。

最後，可能也是最有力的跡象是，投資大泡沫已經擴散且迸破，這從歷史來看就是基礎科技已達到建構末期的徵兆。卡洛塔・斐瑞斯（Carlota Perez）在她那本頗具創見的《科技革命與金融資本》(*Technological Revolution and Financial Capital*) 裏，把採用新科技和廣泛應用該科技分成兩個階段，首先，「裝設期」是指技術進展「有如推土機般，破壞既有的結構，建構新的產業網路，樹立新的基礎結構，並將嶄新和優越的做法加以普及」。接著「部署期」，指的是革新與適應的重點從科技本身轉移到周邊的組織性架構，重新塑造資本市場和管理機制，以符合新的基礎架構。在這兩個階段中間有個「轉捩點」，通常以「受到往往會變成泡沫的股市榮景所刺激，瘋狂投資新產業和基礎設施」之後的經濟衰退的形態出現。㉚泡沫崩解象徵「新的基礎科技已就位」，以及「配合新科技的新做法已經成爲『常識』」。㉛這時，競爭的亂象安定下來，從而促成各公司均霑新基礎科技的利益。㉜

納斯達克（NASDAQ）崩盤和隨之而來的衰退，所標示的就是電腦化上的轉捩點。順應IT新基礎科技會對私人企業和公家機關構成諸多挑戰，但箇中所隱含之科技對競爭的影響力會持續消退，日後事業的成敗不在於運用資訊科技時是否用得巧，而在於是否用得好。

5

共通的策略方案

ＩＴ基礎對傳統優勢的侵蝕效應

IT 消除許多傳統的營運優勢，
且讓公司流程和價格對顧客更加透明化，
儼然有成爲商業策略共同解決方案之勢，
稍假時日會將各公司推向競爭均勢的自然局面。
所以，主管在評估 IT 基礎科技的內涵時，
必須跳脫相當狹隘的 IT 管理範疇，
著眼於自己到底怎麼看待商業策略。

基礎科技提供競爭優勢的能力，雖會隨著ＩＴ日趨成熟而喪失泰半，但它們摧毀優勢的力量倒是沒有喪失。舉例來說，鐵路系統使得許多公司因靠近港口、礦場和人口中心所據有的傳統地理優勢蕩然無存，電報系統則使得靠書信往返和密使所長期培養的國際商業優勢價值大爲降低，電力網也使老式的生產方式及伴隨而來的優勢——如以完美設計的輪軸與滑車系統來分送蒸汽動力，陡然變得毫無意義。

《機械週刊》那位作家在一八二九年看到蒸汽火車頭在雨山軌道疾馳，便直覺地理解到這個現象：「由於一個地方不管生產什麼，都可以快速而廉價地運送到另一地，」他預見，「特殊地理優勢的份量，勢將不若它們之前在製造與商務史上的地位。」一百五十年後，將此現象視爲一般商業事實的策略學者邁可・波特（Michael Porter），於一九八五年在《競爭優勢》（*Competitive Advantage*）一書中寫道，「科技變革……是個大等化器，即便是牢牢掌握市場的公司，其優勢也難免受到侵蝕，別的公司得以衝到前線。」①

這種中和效應在資訊科技上尤其強大。因爲ＩＴ應用極具彈性，又跟商業流程關聯極深——尤其是資訊流程取代了現代商業核心中的物理流程——不但會侵蝕一、兩個部門的優勢，公司業務的許多層面都會受到影響。從設定樣式、設計元件架構，到提供客戶服務等，執行某一特定活動或程序上的傳統優勢，都會隨著這活動流程自動化而漸漸消失。由於各事業體都採用相同的系統，最佳營運制度也變成通用營運制度，表現自然趨於一致。

一九九〇年代末葉，哈佛商學院博士生馬克・柯特勒（Mark Cotteler），在研究某大製造商採用企業資源規畫系統時，將這個呈現於微宇宙（microcosm）裏的現象加以匯整。②該公司在全球業務中心安裝單一的ERP系統，取代北美、歐洲和亞洲各營業單位所使用的不同系統。柯特勒從完成客戶訂單的速度這個關鍵作業上，探討各單位安裝ERP系統前後的表現有何變化。他就ERP上線前十二個月到上線後二十四個月這三年間的十萬多件訂單記錄中加以分析。

新系統到位之前，三大營業區在訂貨至交貨所需時間上，是歐洲和亞洲大幅領先北美，且差異極爲明顯。舉例來說，系統登場前四個月，北美區完成一次訂單通常需要五十一天，歐洲和亞洲則分別只要三十五天和三十六天。安裝共通的ERP系統立即消除這些差異，把三大區帶到平等的競爭地位上。安裝系統一個月後，北美、歐洲和亞洲區平均交貨所需時間分別爲二十九天、二十七天和二十八天。安裝一年後，交貨所需時間各爲三十五、三十三和三十七天，仍然緊緊相隨。第二年雖因管理和其他的地區因素開始影響到各單位的業務，以致表現差異擴大，但交貨所需時間的同質化現象仍然比未採用ＥＲＰ系統前高。不過，最明顯的差異仍屬使用系統兩年後，變成北美區在交貨所需時間上領先，歐洲和亞洲原有的優勢顯然已永遠一去不返。

由此不難得知，不同的公司採用相同或類似的資訊系統，特別是針對交易密集活動的系統之後，也會出現類似的表現趨於一致和侵蝕優勢的現象。舉例來說，客戶服務功能、流通調查和電話業務代表資訊自動化的軟體，往往會隨著業界普遍採用而消除回應時間與其他表現上的差異。ＩＴ基礎技術的同質化效應，會隨著各公司不斷尋求外部包商來執行主要系統甚或整個流程而更爲強化。舉例說明，競爭對手關掉客服中心，而把業務轉給如印度等國外一些外包商。

網際網路提供各公司共用的通信和流通平台，使得ＩＴ的同質化效應大爲提高。ＩＴ不僅消除專屬封閉網路固有的優勢，更將強勢地位從公司轉移到顧客身上，進一步拉平競爭環境。比爾．蓋茲（BIll Gates）在一九九六年版《擁抱未來》（*The Road Ahead*）一書中，稱許網際網路是「無阻力資本主義」（friction-free capitalism）的根基，等於是把市場推向更接近亞當．史密斯（Adam Smith）完美競爭理想的新商務基礎。他寫道，網際網路會變成「最後的中間人、共同的仲介者」，讓顧客很容易就能比較各選擇性產品的價格、特色和品質，從而促成準供應商之間更激烈的競爭。最後結果無疑是消費者理想國：「世上所有的物品都可隨時供你檢視、比較和訂製……將成爲購物者的天堂。」③比爾・蓋茲沒有說出，購物者天堂正是業務主管的地獄。談到市場，摩擦往往只是利潤的代名詞。

波特則在他二〇〇一年那篇話題文章〈策略與網際網路〉(Strategy and the Internet)裏，提出無阻力資本主義的黑暗面。他在調查網際網路帶來的業務變化，以及這些變化對競爭優勢與獲利力的影響後，做成以下結論：

> 這些趨勢大部分都是負面的。網際網路科技讓買方更易於取得與產品和供應商相關的資訊，增強買方討價還價的強勢地位。網際網路緩和既有銷售力、取得現有管道、降低參加門檻等需求，藉由促成新的手法來滿足需求和執行機能，創造新的替代物（取代現有的產品和流程）。由於它是一個開放系統，各公司較難維持專屬物品的局面，因而強化競爭者之間的對立。此外，網際網路往往也會擴大地理市場，把更多的公司帶進相互競爭的場域……網際網路有個天大的弔詭，就是它的優點所在，如讓資訊可以廣爲利用；降低採購、行銷和流通的困難度；讓買賣雙方更容易找到對方，相互交易等，也讓各公司更難以將這些優點化爲利潤。④

ＩＴ消除許多傳統的營運優勢，且讓公司流程和價格對顧客更加透明化，儼然有成爲商業策略共同解決方案之勢，稍假時日會將各公司推向競爭均勢的自然局面。所以，主管在評估ＩＴ基礎科技的內涵時，必須跳脫相當狹隘的ＩＴ管理範疇，著眼於自己到底怎麼看待商業策略。

永續優勢和槓桿優勢

有些生意人看到現今商業環境的變易性和競相複製的速度，便驟然下定結論，認爲「策略」這整個觀念已經過時，長期優勢越來越難達成，各公司根本不必再費心追求。正如英國某大金融機構資訊長前不久所說的，「策略一詞如今已經不是策略用語」，⑤這話很有意思，因爲，依這個觀點，事業成敗完全繫於公司的靈活和機伶，也就是捷足先登、智取競爭對手。經理人只須行動，不必思前想後。不過，這只是一廂情願的想法，到末了只會自貽敗機。其實，競爭優勢雖然較難維持，但並沒有降低它的重要性，反而使它更爲重要。買方越強勢、業務流程和系統越同質化之餘，唯有策略靈敏度越高的公司才能在競爭亂局中異軍突起。

當前兩大長期事業成功的典範戴爾電腦（Dell）和威名百貨（Wal-Mart），正凸顯靈活策略的重要性。兩者都很擅於利用ＩＴ，這就不免讓有些觀察家認定，科技正是他們競爭優勢的來源，但若再仔細觀察便可發現，兩者的優勢都不是建立在科技上。相反的，兩者都是透過極爲審愼的業務規畫，小心翼翼地把自己擺在攫取業界最大利潤的位置上。

威名的策略優勢可以回溯到一九六〇年代初期創業的時候。當時，山姆・沃爾頓（Sam Walton）在店頭地點和商品銷售上採取與眾不同的手法。別的折扣零售商都把店頭設在城市裏，沃爾頓卻開在鄉間地區；由於他選的地點容納不了一家以上的大商店，他等於是獨門獨市，把競爭者摒諸門外。此外，他也不像別的折扣商店盡賣些廉價的無牌商品，他貨架上堆的全是名牌貨，而且是削價出售，兩者結合就把購物者從傳統的街頭商家吸引過來，也讓千里迢迢趕到大城市百貨公司變成多此一舉。

威名爲維持獨樹一幟的策略，不斷在營業過程中處處追求效率。威名雖是出了名的小氣，跟供應商殺價也最凶，但花錢買資訊系統用以遂行低價策略卻是從來不手軟。一九八〇年代，ＩＴ建構的進展仍屬於初期階段時，威名就已裝配運籌系統，更有效率地處理進補貨，大幅降低所需維持的庫存量。此外，它還率先創立跟大供應商電子聯接，讓各廠家可以直接把貨包裝運送到個別的店頭。別的零售商常會模倣威名的系統，但正如麻省理工學院經濟學家羅伯・索羅（Robert Solow）所指出的，根本的技術「不盡然在技術的最前端」⑥，而是因為威名的優勢全在複雜、密切整合且很難模倣的流程與活動的組合，難怪競爭者的ＩＴ投資大部分徒勞無功。威名持續快速成長，至今最大的優勢便是它的規模無人能及，這也是在所有競爭優勢當中，最傳統但仍是最重要的一項。

戴爾電腦也是在頗為人稱道的ＩＴ系統大半尚未建立之前先訂下策略。它的優勢在於直接面對顧客的獨特手法，去銷售一九八〇年代初期率先推出的電腦。藉由排除當時主導電腦銷售的批發商和零售商，戴爾電腦改變了業界的經濟效應觀點。戴爾可以等接到買方訂單才實際動手組裝客戶想要的電腦，而不必拿高價又很快跌價的成品擺滿很多流通管道。由於這種接單生產（build-to-order）的模式大幅降低庫存和營運資金，自然比其他製造商的存貨生產法(build-to-stock)更有效率，這使戴爾很快就成為低成本供應商，這在快速商品化的市場裏可是個令人豔羨的地位。戴爾還在用電話接顧客訂單時，競爭優勢早就到位了，至於展開目前被人競相模倣的網路商店，則是許久以後的事。

戴爾跟威名很像，都是把獨樹一幟的策略轉化為快速成長，提供公司維持和強化低成本製造商所需的規模經濟。戴爾的ＩＴ投資的確相當保守，而且都是特別針對加強營運效率——尤其是在供應商與顧客之間的聯繫。IT的確加強戴爾的優勢，但絕不是優勢的來源。正如喬安．瑪格麗塔（Joan Magretta）在《何謂管理》（*What Management Is*）書中所說的，「邁可．戴爾眞正過人的見解其實是商業卓見，而不是在科技方面」。⑦別的電腦製造商可以跟戴爾的系統並駕齊驅，但在結果上卻無法比擬，原因也就在這裏。

戴爾和威名永續成功的例子，顯示策略已死或奄奄一息的論調並不正確。沒錯，這兩家公司都很擅長執行，精於運用IT，但他們的成長步調和獲利力之所以始終優於競爭者，可以歸因於策略的穩定性，而不是他們的戰術靈活度。一心一意建立和保護自己特有的產業地位，是他們脫穎而出的主要原因。的確，戴爾的重大失誤之一，就是曾一度嘗試透過零售商賣電腦，但這種策略上的轉變引起反效果，他馬上就予以放棄。威名和戴爾絕對不會草率地更換營運模式，反而是展現對舊式策略的堅持，也就是一種抗拒爲變化而變化的決心。他們的行動並不慢，只是他們確實步步爲營。

這兩家公司是範例，也是特例。道理很簡單，並不是每家公司都有機會達到像他們這樣穩固和可守可攻的地位。何況，即便是有此機會的公司，仍然得應付IT基礎的侵蝕效應，以及流程的模倣與同質化速度日甚一日。縱使永續競爭優勢仍是獲利力的必要條件，適應和回應能力在構成長期成就的份量也會越來越重。

因此，今天的策略須對競爭優勢做更廣義和更細微的界定，不僅要包含傳統的**永續優勢**，還得考量較爲短暫的**槓桿優勢**。槓桿優勢可以定義爲，特殊的市場地位再怎麼短暫，也可提供一個邁向另一特殊地位的踏腳石。⑧槓桿優勢與永續優勢不同之處在於，它是中間站，不是終點，但槓桿優勢也跟永續優勢一樣，呈現一種深沈且訓練有素的策略思維，不只是針對現勢的反應，而是立足過去和展望未來的審愼作爲。

要見識槓桿優勢的威力，不妨看看蘋果電腦近年的經歷。幾年前一蹶不振的蘋果電腦，藉由回歸永續優勢的原初來源：設計獨到、軟硬體密切整合、強力和有效的品牌、全心致力於產品創新等，渡過難關成爲割喉ＰＣ業裏的獲利公司。不過，蘋果在當時也運用各種優勢來達成槓桿優勢，諸如設計技術、軟硬體的巧妙結合以及針對創造新潮流人士的訴求在在提供了一個平台，使蘋果電腦可以成功從ＰＣ跨入音樂播放器的領域。今天，蘋果電腦的iPod不但掌握ＭＰ３市場最大占有率，而且是溢價出售——這是所有產品都渴求的地位。它在ＭＰ３硬體市場的特殊地位，加上時髦的形象和設計傾向，使得他可以透過二〇〇三年推出的線上音樂商店iTunes Music Store，邁入音樂零售市場。這家線上音樂商店本身雖然還沒有很大的盈收，但卻進一步提升iPod的銷量，並強化蘋果的品牌形象。從賣電腦到賣音樂，表面看來似乎是個匪夷所思的策略轉換，但對蘋果而言卻是很有道理——它符合槓桿優勢的邏輯。⑨

共有的IT基礎會持續消解營業優勢，特別是那些立基於執行孤立、交易密集的流程或活動的優勢，但較為複雜的定位優勢——源自廣泛且緊密地結合流程、能力與科技——可以持續抗拒競相模倣。因此，成功的公司雖然利用暫時的競爭優勢當新優勢的墊腳石，仍然可以建立和保護其獨特的策略地位。可以這麼說，他們是萬變不離其宗。

牆之論

除了商業作法的同質化，新的IT基礎也可能從模糊傳統組織上的界線而解消現有的優勢。由於電腦網路，尤其是網際網路使得各公司比較容易相互協調，從而使業務更加密切地合作，諸如分享與供需相關的資訊、匯整流程、委外的活動越來越多。這類努力可以消除商業交易摩擦，提升產業生產力，但也有可能會破壞公司的特異性，乃至最後危及獲利力。經理人當前所面臨的主要策略挑戰之一是，一面要設法維護自己公司的競爭優勢——很多都是建立在專屬掌控或獨特的使用資訊上——同時還得透過IT基礎設施讓資訊在組織內外自由流通。

有一派近年來聲勢頗大的商學院專家，卻無視於這種挑戰。他們引用學理上合作無間可以獲得鉅大效率的可能，主張「資訊孔隙度」（information porosity）完全是好的，可以讓各公司主動拆除組織周邊的「圍牆」，進而融合成沒有定形的大「企業網路」或「商業網」。最熱中提倡這種觀念的人士之一，加拿大商業顧問唐恩‧泰普史考特（Don Tapscott）甚至很離譜的宣告單打獨鬥的公司已死，也已經不是商務的基本單位。泰普史考特在回應波特〈策略與網際網路〉所寫的〈重新思考網路世界中的策略〉（Rethinking Strategy in Networked World）的文章裏主張，「日後，策略家不會把整合的企業看做是創造價值、分配工作、決定如何管理公司內外的起點。相反的，策略家會從客戶價值主張（Customer Value Proposition）和生產與遞送系統雙方面從頭開始思考」。這種思維模式已遠遠超越目前的委外觀念。泰普史考特強調：「從策略的觀點來看，既然沒有『內』，自然就沒有委外這回事。」[10]賴利‧唐斯（Larry Downes）和梅振家（Chunka Mui）合著的暢銷書《Killer App：12步打造數位企業》（*Unleashing the Killer App*）說得比較精確：「真正的無阻力經濟，不需要常設的公司。」[11]

後公司學派（post-company school）把諾貝爾經濟學獎得主隆納‧寇斯（Ronald Coase）視爲祭酒。寇斯在一九三七年那篇大作〈公司的本質〉（The Nature of the Firm）裏，說明爲什麼一開始會有公司的存在，換句話說，爲什麼有些商業行爲可以透過正式層級組織內的經理人員來協調，而不是由市場那隻無形的手來協調。正如寇斯所說的，「這重大的問題顯然就是，爲什麼（公司內的）資源分配不直接由（開放市場的）價格機制來執行」。⑫

寇斯的回答是，運用市場隱含著在購買商品或服務的實際成本之外，還有各種交易成本。⑬若一家公司決定要用外部供應商來執行某一特定行動，就得找尋和評估可能廠家、決定條件和規畫合同、審愼的做決策和修正問題、監督供應商的表現、預設供應商失敗的風險等等。但它若是用自己的員工來執行這些活動，通常就可以降低或省去這些交易成本。因此，公司勢必會把組織擴大到執行所有的活動都比市價加附帶活動總成本便宜的地步。一般來說，公司規模往往會隨著外在成本增加或減少而擴大縮小。

後公司學派成員看到網際網路已使若干交易成本降低——特別是與資訊交流相關的成本，就驟然斷定公司規模理所當然地會越來越小。由於通訊成本不斷下降，網際網路的整合力越來越強，很多商業活動到後來都可以透過市場加以組織，而毋需任何集中化的管控。產業界會逐漸採取好萊塢生產模式：專家小組齊心協力創造特定的產品，或執行其他的商業機能後，隨著市場力的指令解散和重組，他們所管理的經理人和公司會完全消失，一如比爾·蓋茲預見網際網路這個「共同仲介者」成熟後的境地。

然而，這是誤解寇斯了。⑭網際網路的確可以降低市場內的交易成本，但它同時也降低公司內的協調成本。換句話說，它讓管理更有效率，從而讓更多的活動可以很符經濟效益地併入單一的組織裏。寇斯不厭其煩地指出，創新對交易成本的影響極爲複雜，「多數的創新都會改變（公司內的）組織成本和使用價格的機制。在這種情況下，創新究竟是讓公司變大還是變小，端視這兩組成本的相對效應而定」。⑮他接著以一種顯然對網際網路衝擊了然於心的方式更明確地說道，「電話和電報等大幅降低組織成本的改變，往往會擴大公司的規模，凡是可以改善管理技巧的改變，往往都會擴大公司的規模」。⑯

歷史清楚地凸顯寇斯的論點。基礎科技初期，通訊和協調成本降低——不只電報和電話，還包括鐵路和火車——並沒有導致公司規模變小。事實正好相反：它們帶來垂直整合的大公司，複雜的現代商業組織因而出現。借用法蘭西絲・凱恩克洛斯（Frances Cairncross）形容新通信科技效應的「距離之死」（death of distance）來說，認爲距離之死意味公司之死是很危險的想法。有時候，網際網路使得工作委外比較符合經濟效益，如此則會導致業務組織萎縮，有時則因爲帶回更多的工作而使組織擴大。

哈佛大學IT管理教授安德魯・麥卡菲（Andrew McAfee）甚至表示，資訊科技可能增加利用市場協調工作的相對成本。他主張，日後的效率增益將是繫於複雜、高度自動化的流程，諸如管理供應鏈或流通系統，而這協調又繫於流程、資料和資訊系統的嚴密標準化。麥卡菲指出，就集中化的管理而言，將這類標準化加諸組織之上，比等它從市場自由代理人（free agent）複雜且往往相互衝突的互動中自然呈現容易多了。換句話說，若論整合複雜的資訊系統，再現垂直整合的公司，層級組織的表現可能超越市場。⑰

不過，把多元的活動置於管理部門直接控管之下，除了實際經濟效益的因素之外，可能還有若干策略上的重要理由。外部承包商也有自己的經濟動機，它們跟雇主的經濟效益可能相符，也可能不符。「雙贏合夥關係」和「把餅做大」說來容易，到頭來，同一產業裏的公司無不競相為自己爭取更大份的利潤。可想而知，一旦承包商的經濟利益跟雇用他的公司有所不同，承包商的做法可能會傷及合夥人。柏克萊經濟學家海爾・韋瑞安（Hal Varian）在一篇談論寇斯觀念的精闢文章裏寫道，「若是某些供應商攸關你的成敗，你自然希望把他們納入自己掌控之下，而不是任他們在外面，因為他們的目的可能跟你不一樣。」⑱策略風險比節省成本要緊，即便委外的成本較低，你可能也不願意。

後公司學派論點眞正教人不放心的是，渾然忘卻商業的競爭現實。後公司學派學者把重點從個別公司的生產力和獲利力，轉移到鬆散結合的公司群的生產力和獲利力，不啻是在鼓勵經理人採取最終可能侵蝕自家公司優勢和財務績效的作為。他們會叫各公司把自己變成「隨插即用」（plug-and-play）商業網路裏高度標準化的模組。誠如李察·維雅（Richard Veryard）在《元件導向的商業》（*The Component-Based Business*）一書中所說的，「多虧有了隨插即用方法，把一些策略夥伴和服務鬆散地結合起來，很快就可以形成一家新事業……現在，即便是一家大型公司也可以視為大系統裏的元件，不再當做是獨立的企業營運。」⑲

這種看法流露出科技人士思維上常見的缺點：他們傾向於把商業和資訊處理混為一談，認為公司本質上和電腦無異。他們忽視或不理會商務組織的物理和人性上的特徵，無視那些不能濃縮為數位碼、不能在網路「曝光」或「透明化」的部分。這偏頗的認知導致他們認定公司跟電腦一樣，可以且應該變成開放而深具彈性的大型網路中的元件或模組。⑳殊不知，IT基礎科技史本身就已顯示，標準化的模組往往意味著即將變成商品——簡簡單單就可以隨插即用的東西，也可以隨時拔掉插頭。到最後，標準化的模組公司凸顯自我的方式越來越少，公司表現的評估會簡化為少數幾個容易對比的尺度。在很多情況下，這就只剩下一個競爭基準：他們執行特殊功能的價格。在很多公司看來，加入天衣無縫的「商業網」，等於是保證今後的存在完全不受盈虧影響。

這並不是說，公司應該退回保護殼內。想想如何在產業價值鏈裏扮演或大或小的角色，始終是、將來仍然也是主要的策略決策。簡單地說，經理人在評估可能的合夥關係或委外機會時，必須時時小心，務必要以自家公司的利益爲最優先。不假思索的標準化和模組化，可能危及複雜的優勢，損害長遠成就的根基，精明的公司自然會加以抗拒。不僅如此，聰明的公司會利用ＩＴ基礎來建立業務關係，強化而非耗弱自己的經濟和策略力量，同時又能提供合夥人有意義的獎勵。

摩根大通銀行（JP Morgan Chase）在自動金融業務上正是這麼做。它跟美國信貸公司（Americredit）和富國集團（Wells Fargo）聯合推出一個叫經銷商軌道（DealerTrack）的線上系統，讓汽車經銷商得以將貸款的承辦與處理完全自動化。不過，摩根大通不單是著眼於提升產業總生產力，更運用ＩＴ基礎強化自己的市場勢力。它很淸楚，大規模借貸業務使自己比即將使用DealerTrack系統的借貸銀行多了些成本優勢，自信可以在定價貸款競爭上以價制勝。DealerTrack自動搜尋貸款和比較貸款條件的功能，其實是讓更多的經銷商發現摩根大通的定價勝人一籌，使得該行既有的成本優勢更加銳不可擋。[21]結果是合夥人雖贏了，但摩根大通贏得更多。

ＩＴ基礎對同質化的業務流程和組織形成壓力，可能導致公司糊里糊塗地選定合夥關係、委外合約和專門化方案，因而失去取得優勢的機會，危及長遠獲利力。深思熟慮的主管則會抗拒壓力，絕不輕易屈服。事業領導人最忌諱的是隨波逐流。

需要雙焦視野

商業策略學家長久以來已分組成兩個鬆散的陣營。採取「產業導向觀點」的古典學派認爲，成功的策略繫乎明確了解產業的經濟與競爭結構，公司領導人的挑戰在於如何定位自己的公司，讓它能夠盡可能獲取最大產業利益占有率。對古典學派而言，制定策略應由外而內。還有一派學者是採取「資源導向觀點」的策略，對他們而言，策略的根本不在公司外，而是在公司內，也就是公司特有的資源或能力，公司主管的挑戰就是要找出公司最大的長處是什麼，然後把這「核心能力」（core competency）變成競爭優勢。依這個觀點，制定策略應是由內而外。

當然，最成功的業務主管不會理會這種學理上的差異。他們直覺地了解到，成功的策略無非是要取得特殊的產業地位和善用特有的內部能力。換句話說，他們知道事業的成敗來自目標明確且持續地調和內外資源。ＩＴ基礎成熟及它對競爭優勢的侵蝕效應，更需要這種務實整合的行爲，要求經理人把競爭優勢視爲目標與通道、目的和手段，要他們即便在利用電腦網路跟別的公司做更緊密的連接時，也要維護自家公司獨立事業體的完整性。靈活跟安定、開放與保守之間必須取得平衡，能夠自在運用這種雙焦視野而不失去採取強力行動能力的主管，必定是建立既大且久的二十一世紀企業的長才。

6

管理錢坑

IT 投資管理新準則

當前的挑戰是，盡快大幅降低失敗率。
鑑於 IT 專案固有的高風險，以及靠它們來達到
提高利潤所需之持久優勢的可能性越來越小，
使用者和廠家都得把精神放在效率、可預測性、
可靠性和安全性等雖平凡無奇卻是很根本的要件上。

一九九七年夏天，美國鐵路系統瓦解。由於剛剛合併的「聯合太平洋」和「南太平洋」鐵路業務整合未果，龐大的鐵路網陷入全面大堵塞，好幾千個託運貨物因而延誤、發送路線錯誤或丟失。十月三十一日，聯邦政府介入，宣布全國大部分地區進入運輸緊急狀態。受創最重的是泰半只靠聯合太平洋鐵路服務的德州工業和農業公司。舉例來說，到了一九九八年初，墨西哥水泥大製造商「墨西哥水泥」公司（Cemex）的美國部門，就因爲德州廠一帶的外運鐵路服務減班一半，每個月業績損失數十萬美元，墨西哥灣區各化學公司則因爲被迫減產和改用比較昂貴的運輸模式，估計蒙受近五億美元的額外成本損失。①

三年後，加州許多公司也碰到類似的不愉快經驗。這次的元凶不是鐵路系統，而是電力網。錯誤的法規管制，加上不負責任的投機行爲，造成全州電力短缺，電價飆漲，電力公司不得不實施輪流停電，以降低供需，所造成的混亂讓加州各企業損失數億美元，有些製造商甚至被迫完全停止營運。當時，英特爾執行長克雷格·巴瑞特（Craig Barret）在一次演講中，稱加州是「第三世界國度」，並揚言不再在加州建廠，便充分流露工商界的無奈。②

受這兩次大災難影響的公司，都是突如其來遭受到重創。他們已經把鐵路和電力服務當成理所當然，很少擬定應變計畫防患未然。他們發現自己的營運仰賴科技基礎設施，完全受其擺弄，卻很少有掌控能力。他們的經驗所凸顯的，堪稱我們從基礎科技演化形態上可以學習到的最重要的管理教訓：當一項資源變成競爭力的根本，卻與策略未盡相符時，它所構成的風險便大於所能提供的優勢。今天已沒有公司把業務策略建立在鐵路或電力服務上，可是，一旦這兩大資源的供應或成本出了紕漏，可能就是天大禍事。

所幸，隨著基礎科技日趨成熟，且變得比較穩定和有彈性，相關的風險也逐漸減少，以前司空慣的鐵路和電力中斷，在已開發國家已是很少發生（儘管如此，二〇〇三年北美和義大利大停電，也凸顯出對已確立的基礎科技不當一回事，還是有很多風險）。不過，在進展初期，尤其是建構期間和建成之後，基礎科技仍是很嚴重的事業風險。箇中原因不難理解。新的商業基礎科技興起的態勢十分明顯之後，各公司都會大力投資於基本技術，把它整合到各層面的營運行為中，甚至往往會大幅變更流程和組織。除了劍及履及之外，他們沒有太多選擇：對大多數的公司而言，順應新基礎科技乃是競爭上的必要之舉。然而，由於技術還很新，很不穩定、未經測試、容易出毛病，將可能造成公司營運大亂。何況，主管人員對新技術所知有限，經驗不多——最有效的投資評估和資產管理方法還不是很明朗——往往造成他們在購買和運用上做出錯誤的抉擇。換言之，各公司是在還沒學到怎麼有效管理之前，就不得不安裝極爲重要的新商業資源。

資訊科技的情況絕對就是如此。雖然整體產業界在採用ＩＴ上已有長足進步，但若從個別的公司來看，不同的樣貌便油然浮現。由於各公司是在ＩＴ建構期間就安裝各種系統，不免有許多失策和波折，且其中有些慘敗案例也曾經轟動一時。③「牛津健保計畫」公司（Oxford Health Plans）在宣布軟體問題造成單據和給付處理失誤後，市值在一天之內就掉了三十億美元。耐吉（Nike）在安裝供應鏈系統時問題叢生，估計損失達四億美元。工具製造商施耐寶公司（Snap-on），由於新的訂貨系統推出延誤，造成營收陡降四〇％。福克斯邁爾製藥（FoxMeyer Drug）由於ＥＲＰ系統的實施計畫徹底失敗，促成該公司陷於破產。一個造價九百萬美元的新運籌系統，由於規畫庫存失誤，造成格蘭傑公司（W. W. Grainger）盈利減少二千三百萬美元。信諾保險公司（Cigna）因爲客戶關係管理系統安裝失誤，流失六％的健保帳戶。思科公司（Cisco System）相當自豪的「即時」預測系統，未能發現網路設備需求即將大跌，造成該公司必須打消價值二十五億美元的庫存，裁減八千五百名員工。連南太平洋和聯合太平洋鐵路合併後的營運崩潰，大部分也可歸咎於兩家公司沒有能力整合ＩＴ系統所致。

幾乎每一家稍具規模的公司，對ＩＴ專案都有各自的恐怖經歷，不是大幅超過預算或未能如期完工，就是始終達不到保證的利益或乾脆放棄。史丹迪希集團（Standish Group）一九九五年所做的研究，便揭露ＩＴ專案的失敗記錄極爲驚人。④史丹迪希調查八千多個系統專案，算得上成功（如期完工、不超預算、符合原來的規格）的不過十六％而已。將近三分之一直接撤消，剩下的都超過預算、施工逾期、不合規格。年營業額五億美元以上的大公司，表現比一般公司更差：ＩＴ專案成功率只有九％。

史丹迪希發現，一旦ＩＴ專案失敗，都會敗得很慘。大部分的經費都比原先預算多出五○％以上，在超出預算的專案當中，又有將近四分之一所超過的經費估計達百分之百，甚至還不止。在逾期完工的專案當中，四八％花了原計畫兩倍多的時間，十二％起碼三倍。在完工但未如預期的工程當中，超過三○％連當初規畫的特點與功能的一半也無法兌現。此外，史丹迪希還發現，絕大部分的專案（占九四％）都得在施工期間重新來過，有些甚至得重新施工好幾次。

史丹迪希在一九九八年的後續調查中發現，情況雖然略有改善，但整體而言仍然是慘不忍睹。專案成功的百分比雖已上升到二六％，仍然比不上取消（二八％）或無法達到預期結果（四六％）的百分比。⑤一九九八年還有一份研究報告，是ＫＰＭＧ會計事務所所做的調查，情況更糟。在一千四百五十家受調公司當中，四分之三表示ＩＴ專案超過期限，半數以上表示專案大幅超過預算。KPMG分析一百個失敗構想後發現，八七%超過預算五〇%以上。⑥惠普公司科技長鮑伯‧奈皮爾（Bob Napier）在二〇〇三年一次訪談中，對這種狀況做了很好的總結：「專案失敗的數目很嚇人。」⑦

回想起來，這乃是業者採用新技術的試誤過程中很自然的結果，很多失敗是在所難免的，在當前這個時候，想要歸咎於任何一群人，如廠家、顧問、執行長、資訊長等等，都是無謂之舉。當前的挑戰是，盡快大幅降低失敗率。鑑於IT專案固有的高風險，以及靠它們來達到提高利潤所需之持久優勢的可能性越來越小，使用者和廠家都得把精神放在效率、可預測性、可靠性和安全性等雖平凡無奇卻是很根本的要件上。換句話說，以比較保守的方法看待IT管理的時候已經到了。隨著基礎科技日趨成熟，能成功的必定不會是那些反射性的追求創新、設法超出極限的公司，而是務實規畫和戮力執行的公司。

減少支出

IT管理給各公司帶來很多風險，但就目前而言最大的風險應屬超支。資訊科技也許是商品，新功能的價格也許會迅速下降到很快就會普及的地步，但它跟很多業務機能糾結的事實，意味著在可見的將來它仍將消耗大部分的開支。正如作家詹姆斯・麥肯尼（James McKenney）形容大型主機時代的運算能力時所說的，資訊科技仍將是個「貪得無饜的經濟水坑」。⑧重要的是——所有的商品投入莫不如此——要能區別必要投資和隨興的、無謂的、甚或是反效果的投資行爲。

經理人所面臨的第一個挑戰是，整理一下自己的IT思維。單是刪除浪費，大部分的公司就可以收到節省開支之利。個人電腦就是很好的例子。商界每年購買上億台PC，大多用於汰換舊型電腦，可是，使用PC的員工絕大多數只需文書處理、列印、電子郵件、網路瀏覽等少數幾個簡單的應用，而這些應用技術早已成熟多年，今天的微處理器只用一點點運算能力就綽綽有餘。儘管如此，各公司還是不斷全面更新軟硬體，而且通常是每隔二、三年就升級一次。

老實說，這些開支大部分不是出於買方利益，而是賣方的策略使然。各大硬體和軟體供應商都很擅長包裝新功能，逼得各公司經常超乎實際需要地購買新電腦和應用程式。英特爾和微軟創造了很有賺頭的「發表周期」，不斷推出速度更快的微處理器和更複雜的軟體，公司只要買了一台，往往就得毫無選擇地跟著升級。有些售價極高的企業系統，如ERP，廠家甚至規定客戶要想繼續獲得維護服務，就得升級到新版。由於廠家的支援攸關維持複雜系統的繼續運作，業者除了付帳之外沒有太多選擇。

如果說ＩＴ商品化有什麼光明前景的話，就是均勢局面已逐漸從廠家轉向使用者。由於ＩＴ供應商之間的競爭日益激烈，現在ＩＴ買家的地位已可更強勢地協商足以確保ＰＣ投資長期生機的契約、依實際使用狀況付費、對升級成本加以嚴格限制等。若是廠家推三阻四，各公司即便是犧牲一點功能，想必會樂於探尋更便宜的方法，諸如開放原始碼的應用程式和陽春型的網路ＰＣ。若是公司要看哪些錢可以省下的證據，只須看看微軟在ＰＣ軟體上龐大的毛利率就行了。

ＰＣ只是其中一例。無謂的ＩＴ開支早已是企業風土病，且已在一九九〇年代網際網路榮景時就已達到瘟疫般的境地，正如某電腦業主管所說的，「伺服器如細菌般成長」。⑨依《金融時報》的說法，在一陣過度浪費之後，今天「實際用到（已安裝）的ＩＴ容量還不到一半」。⑩毋庸贅言，多餘的硬體和軟體已經「過時」，大部分不會再使用。教訓已經很明顯：各公司必須確定擷取出舊投資的價值之後再做新投資。

另外，業者也有更多的機會對ＩＴ使用施以更嚴格的管控，在占了多數公司ＩＴ資金支出一半以上的資料儲存系統尤其如此。⑪儲存在企業網路裏的大量資料，包括員工保留的電子郵件和檔案、累計起來動輒好幾個兆位元組（terabyte）的ＭＰ3和影片檔，都跟製造產品或服務客戶的關係不大。《電腦世界》（*Computer World*）估計，一般視窗網路的儲存容量，浪費掉的就高達七〇％，這是何等無謂的開銷。⑫在很多經理人看來，無差別和無限期地限制員工保留檔案的能力，可能顯得缺乏人性，但是，即便只是這麼簡單的措施，就有可能對公司純利產生實質影響。如今，ＩＴ已經成爲多數業者最主要的資本支出，沒有理由再浪費下去和草率行事。

昇騰公司（Cendant）旅館連鎖事業部，就是對網路實施嚴格管控的業者。該公司發現，好幾千名訂房人員把時間浪費在上網、下載遊戲和個人應用程式與檔案上。事業部ＩＴ主任大衛・丘格（David Chugg）認爲，讓訂房人員上網對營業利益沒有好處，於是決定移除訂房人員ＰＣ裏的瀏覽應用程式。後來發覺這招行不通，因爲微軟已經把探險家（Explorer）瀏覽器跟視窗作業系統整合在一起。丘格於是採取斷然措施，以跑Linux作業系統的桌上型電腦汰換現有的視窗電腦。他很高興自己這麼做了。公司不但提升訂房人員生產力、清理網路，也大幅降低軟體租用成本。⑬

在更高層級、更強力的成本管理上，必須更嚴格管理系統規畫與評估、更有創意的探尋更簡單更便宜的硬體與服務替代品。好幾家公司的做法已顯示出，單靠採取有計畫的方法抑制成本，就可以節省偌大經費。ＧＥ就是其中之一。ＧＥ每年花在ＩＴ的經費約爲三十三億美元，相當於衣索匹亞國民生產總值的一半，但該公司資訊長雷納仍不吝於瀏覽eBay拍賣網站，尋找和採買二手裝備。雷納透過協調與多面向的節省開支努力，如從高價的企業應用軟體轉到廉價的Linux伺服器；利用光纖頻寬過剩的機會，談判降低資料傳輸費率；利用印度廉價勞力開發軟體等，成功地把GE的IT預算從二〇〇〇年占總收入二・八％，降至二〇〇二年二・五％。⑭

通用汽車（GM）資訊長勞夫・奚金達（Ralph Szygenda）也不斷地削減IT的龐大開支。他先是告訴幾位最高階的副手，要他們每人都得削減一億美元年預算，沒多久又命他們再砍五千萬。除了廢除與合併表現不佳的系統外，奚金達還陸續釋出IT業務給外面的承包商。到了二〇〇二年底，GM已把所有IT業務外包，不再雇內部程式人員，還留下的一千八百名IT工作人員，大部分把全副精力放在管理承包商和廠家、監督他們的工作品質、談判以最低價格取得設備與服務。奚金達的辦法眞管用，第一任六年在職期間就把GM的年度IT支出砍掉八億美元。⑮GM的競爭對手紛紛效法。福特汽車削減IT年預算三億美元，減幅達二〇％。戴姆勒克萊斯勒則把三部大型主機換成一百台普通的伺服器，不僅削減了四〇％撞擊測試系統的成本，還提高了二〇％的效能。

即便是整個業務都建立在IT基礎上的公司，也在設法大幅刪減相關支出。Verizon

無線電信公司資訊長謝干・赫拉德皮爾（Shaygan Kheradpir），在二〇〇一到二〇〇三年間，把IT支出由占總營業額六％（電信業界一般公司的平均支出）減到四％。這些節省下來的開支，有的是來自減少二〇％的IT勞務所裁撤的人力，但大部分是跟廠家強勢談判的結果。二〇〇二年初，赫拉德皮爾凍結採購新電腦計畫，然後親赴該公司三大伺服器供應商昇陽、惠普和IBM，告訴他們Verizon的採購完全由報價來決定。三大廠家都把價格調降二五％，昇陽和惠普更在維修費上主動大減價。

此外，赫拉德皮爾還利用硬體商品化的事實，迫使其他廠家讓步。他跟GE的雷納資訊長一樣，固定上eBay拍賣網查看二手儲存設備的價格，然後告訴採購人員利用這個資訊當籌碼，跟儲存設備主要供應商EMC談判新機的價格。而且，他還要EMC和其他廠家提供Verizon「隨選容量」（capacity on demand，簡稱COD），即不管安裝設備的容量多寡，只按實際使用的儲存與處理容量計費。此外，Verizon靠著把開發工作外包由美國轉到印度，一年就省下五千萬美元左右。該公司已發現，利用印度勞力不但可以降低寫程式的成本，更由於印度和美國時差的關係，可以全天候地從事設計，完成的速度也大幅提高。Verizon內部的程式設計人員一大早上班，就有印度傳來的乾淨程式可用。⑯

網際網路大經紀商「電子貿易」（E-Trade）已大砍最關鍵的ＩＴ資產（線上交易系統）支出。話說一九九八年，該公司花了一千四百多萬美元買了六十台昇陽伺服器，外加每年一百五十萬的維護費用，卻在二〇〇二年以八十台 Linux 伺服器，每台只花四千美元，總計不過三十二萬美元，便完全汰換昇陽伺服器。不僅如此，這一更換也省下可觀的維護費用。E-Trade 資訊長約許・李文（Josh Levine）擺脫專屬系統束縛後大感輕鬆，他向《資訊長》雜誌表示，「我們反過來管理廠家，不是廠家管理我們。」⑰

由於商品硬體軟體的能力和性能不斷快速提升，往往使得各公司可以在相當短的時間內，在不致影響業務的情況下，大幅削減經費。舉例來說，亞馬遜網路書店（Amazon.com）可以把九〇%的伺服器從昇陽 Solaris、康柏 Tru64 等專屬 Unix 系統，在三個月內換成開放原始碼 Linux 系統，過程中就省下一千七百萬美元的季預算。目前還在跑專屬系統的，只剩下亞馬遜資料中心裏的伺服器，也就是儲存最重要的線上商店定價與客戶資料的伺服器。而且，亞馬遜連這些關鍵任務型（mission-critical）的機器，也考慮換成 Linux。「我們不打算就此罷手，」該公司系統工程主任在二〇〇二年 Linux 世界會議上演講時指出。「我們的目標是要確實做到徹頭徹尾地轉移到 Linux。」⑱

這些公司都不是盲目或反制地削減經費。他們只是利用ＩＴ商品化轉到較廉價的系統，而基礎技術不斷標準化和同質化更使他們得以改採低成本勞力。但有必要在特定部門花更多錢時，他們也不吝嗇。譬如，Verizon資訊長赫拉德皮爾爲了讓客服代表所用的複雜系統安裝速度更快的版本，便積極地將電話客服中心的PC升級。速度更快的處理器可以減少話務時間，進而改善客服中心的總生產力，並加強客戶服務。不過，對於其他部門的PC，赫拉德皮爾倒是展現升級周期的做法，只在經濟效益很明確和很令人注目時才引進新機。

IT商品化會持續帶給各公司降低成本和風險的機會。舉例來說，由於廠家競爭的基礎不斷轉移到價格面，比價議價也就比較容易。二〇〇三年，昇陽在一次令人側目的行動中，宣布其企業系統採標準化的定價模式，開始以固定費用方式每名員工每年收一百美元，其中不僅包含全系列的網路軟體，還包括支援與培訓在內。此外，印度和其他開發中國家的外包服務迅速擴張，顯示商品化也已普及到IT服務面。戴爾向《金融時報》談到Dell電腦壓低IT服務成本的用意時指出，「實情是這樣的，你盡可把奧妙的觀念放進這些服務裏，但若再仔細看看它們，看看實際情況，就會發現（IT專業人員）所做的事很多是重複性很高的……我們其實是在把服務商品化。沒有理由說這種事不會發生。」[19]了解和利用這種趨勢的能力，將是日後有效管理IT的標記。

追隨即可，不要主導

爲了省下數目可觀的經費而立即大砍預算往往是不必要的。在不放棄新系統的情況下削減經費，最有效的辦法之一是，有錢慢慢花。IT價格迅速看跌的趨勢方興未艾，表示即便只是稍稍延後購買，就可以大幅降低成本取得一定水平的IT功能。何況，延緩IT投資還有其他的有利效應。置身刀口外的公司，不但可以降低被問題叢生或即將過氣的科技套牢的機率，還可以從先行動者的成功和錯誤中學習，非但可以避免無謂的浪費，往往還可以造出更好的系統。

很多公司所以匆匆做出IT投資，不是出於希望掌握先行動者的優勢，就是因爲擔心自己落於人後。一九九〇年代末期，網際網路榮景恰巧碰上Y2K（千年蟲）恐慌和導入歐元，當時的情況尤其如此。各商業雜誌製作一波波的專題文章，敦促主管安裝最新系統，否則就有被送進商業史垃圾桶之虞，IT廠家和顧問自然也全力呼應。甚至到了二〇〇一年二月底，思科執行長約翰・錢伯斯（John Chambers）還在對企業IT經理人說，「網際網路使一切爲之改觀，使全世界的公司都處於轉型期中。往後十年，除了電子商務公司外，不會再有別的公司。」主管諸公「必須把科技當成浪頭來思考，」他接著說道。「領導者在應用和服務上總是領先一、二個浪頭，遲緩的人則落後一、二個浪頭。」⑳在同一個場合裏，有位適華庫寶會計公司（Pricewaterhouse Coopers）資深股東，甚至更鏗鏘有力地告訴各大公司，「遊戲已經改變，他們必須立即且正確地改變，否則肯定會輸，而且會大輸特輸……沒有快速追隨者策略（fast-follower strategy）這回事。」㉑

這種論調雖有助於行銷，但大部分是空洞不實。除了極少數的特例，希望透過IT投資取得可攻可守的優勢，以及擔心沒有投資IT就會過氣，結果證明都是無稽之談。越來越明顯的事實是，很多最精明的科技使用者都避開鋒口，等候標準和最佳實用法趨於並致，價格也下跌了，這才進場購買。他們讓那些比較沒有耐性的競爭對手去負擔高成本的實驗，然後一舉趕過他們，花費少而所得更多。

且以包裹快遞業爲例。聯邦快遞（FedEx）因率先採用線上包裹追蹤等IT新應用而廣獲好評，主要對手聯合包裹服務（UPS）比較審慎的做法就較不受重視。事實上，UPS在一九八〇和九〇年就常被抨擊爲在科技上慢人半拍。然而，UPS一直小心翼翼地追隨FedEx的腳步，不只學習怎麼模倣對手的系統，往往還學到怎麼讓它們更好更便宜。例如，UPS推出運籌管理軟體時，所搭配的是比FedEx開放的系統，讓客戶比較容易把UPS技術整合到他們既有的系統裏。

這緩慢、模倣的方法非但沒有妨礙，反而讓UPS大有斬獲，到了一九九〇年代末期，不少託運大公司陸續把運籌合約從FedEx轉到UPS。例如，全美半導體公司（National Semiconductor）就放棄由FedEx所建的新加坡倉庫，改採UPS經營的更具彈性的新倉庫。㉒諷刺的是，今天UPS處理的網路零售商託運，竟比在技術更有衝勁的對手還多，而且獲利也一直比較高。談到IT，烏龜往往能擊敗兔子。

有些經理人可能會擔心，在IT上太小氣可能損及公司的競爭地位。其實，他們大可不必操心。多項有關企業IT支出的研究一致顯示，較大的花費未必會轉化成較優的財務績效。事實上，相反的情況也是如此。二〇〇二年，Alinean顧問公司比對美國七千五百家大公司IT開支與財務績效，結果發現表現最佳的往往是摳得最緊的公司。例如，二十五家經濟回收最高的公司，在IT上的開支平均占總收入的〇．八％，表現最差的二十五家公司則占二．七％，一般公司平均占三．七％。另一項衡量標準——每名員工與IT開支的比率——也顯示類似的形態。表現最佳的公司，每名員工只花三千九百零三美元，表現最差的公司花六千二百五十美元，一般公司平均花一萬零二百八十三美元。㉓

另一份由福瑞斯特研調公司所做的最新研究也發現，IT開銷跟業務績效沒有關聯。福瑞斯特以總收入成長、資產報酬率和現金流通成長等標準，比較二百九十一家公司ＩＴ開支與總收入比率跟過去三年財務表現的關係，結果發現表現最差的公司雖然在ＩＴ上花的最少（占營業額二・六％），表現最佳的公司卻是花費第二少（三・三％）。花費最高的公司（四・四％）反而表現平平。㉔

麥肯錫顧問公司（McKinsey & Company）智庫「麥肯錫環球研究所」（McKinsey Global Institute）所進行的研究，堪稱是最大規模的資訊科技對業務表現的影響相關研究之一。該所在耗時三年的研究中，探討ＩＴ開支與公司在業界中的業務生產力，以及在美國、德國和法國的公司等級，發現ＩＴ投資與表現之間「沒有相互關聯」。研究發現，一九九〇年代業務生產力改善的眞正動力，是競爭促使經理人採取積極的措施改善公司效率和實力，競爭壓力最大的產業，ＩＴ投資可產生實際回收，但在競爭比較受限的產業裏，連最大手筆的ＩＴ開支好處也不多。㉕

ＩＴ管理界元老保羅・史特拉斯曼（Paul Strassman）所做的多項廣泛研究，無不支持這些發現。史特拉斯曼歷任卡夫食品公司（Kraft）、全錄和航太總署（ＮＡＳＡ）資訊長，研究ＩＴ開支與業績的關聯達二十餘年。他的許多研究，包括二〇〇一年分析一千五百八十五家公司都顯示，公司在ＩＴ上花多少錢跟它表現如何絕對沒有關聯。「ＩＴ與利潤之間屬隨機關係，」他在二〇〇一年底對《金融時報》表示。「從今以後是經濟效益當道，而資訊長的任務就是賺錢，不應把科技太當一回事。」㉖就連科技界大老、甲骨文執行長艾利森也在二〇〇二一次訪談中坦承，「大部分的公司都花太多錢（在IT上），回收卻很少。」㉗

IT年預算呈兩位數成長，很多公司都已習以為常，若能減少成長率就已是一大勝利。不過，現在也許得採取大不相同的方法。由於IT導向的優勢機會越來越少，過度支出的懲罰只會越來越高，也許會有更多的事業追隨GM、Verizon等已實際逐年削減IT支出的公司，訂定明確的目標來刪減IT預算，譬如，每年減個五%。當然，這未必是每家公司的正面標的。有些公司可能會覺得，短期內再大力投資IT符合業務需要，譬如說，以更有效率和更靈活的新系統汰換過時的系統；有些則是單純為了維持競爭力，必須增加經費。可是，為什麼不開始假設IT支出應該年年減少，而不是年年調高，然後等有業務需要時再另案處理？

風險低時推陳出新

儘管大部分的公司都會覺得，現在積極做IT創新的風險已高過潛在利潤，有些時候出於策略考量仍須搶先一步，但一般而言各公司應該辨明情勢，藉以降低或避免作爲前驅者可能的高成本、或讓競爭對手要快速模倣ＩＴ創新時困難重重。風險只要緩和下來，創新就能回本。

舉例來說，具有相當市場實力的大公司，也許還有機會利用基礎科技的種種創新來鞏固既有的優勢。威名百貨率先提倡在消費包裝產品部門使用無線電射頻識別（Radio Frequency Identification），就是很好的例子。ＲＦＩＤ技術包括用微晶片和發射器「標記」產品，讓貨物從製造到銷售（有時甚至到售出之後）這一路都可以辨識和追蹤。ＲＦＩＤ提供各公司更精準管控庫存的能力，表示它可以提升產業總生產力。

二〇〇三年，威名宣布將要求他的一百家最大供應商，必須在二〇〇五年一月之前完成把送到零售店的箱子和金屬台都貼上ＲＦＩＤ標記。威名既是零售業龍頭，它的舉措也使得ＲＦＩＤ成爲產業標準的可能性大增，這情形跟一九七〇年代的條碼標示大致相同。總之，威名極力把ＲＦＩＤ技術商品化，也就是把基礎科技中的一部分給所有的消費產品製造商和零售商共用。兩個理由使這個舉動具有策略上的意義。第一，威名把一個強大的新技術商品化，等於是讓競爭對手的潛在策略武器無用武之地。第二，由於威名在消費產品零售業的規模和成本領先群倫，凡是業界總體生產力的收益它都可以占上極大的一份。

但這裏有個眞正教人意外的地方：雖然威名在RFID上做了相當大的投資，但最後這採用新技術的成本大部分都落在供應商頭上。根據「先進製造研調」（AMR: Advanced Manufacturing Research）的研究報告指出，製造商單是遵從威名的命令就得花上二十億美元左右。㉘「目前，利潤基本上歸威名，成本則是供應商的責任，」AMR研究人員評論道。㉙威名把成本推給別人，在不招來風險的情況下，篤定坐收率先行動者的好處。它利用無與倫比的市場實力，把自己擺在穩贏不輸的位置上。

此外，各公司也可以靠尋求競爭對手很難採用的創新來降低風險。在多數的情況下，這類創新包含狹隘和高度專門化，且足以抗拒普遍採用、迅速標準化、透過廠家普及的IT應用。㉚譬如，工廠自動化能力絕佳的製造商，可以推動尖端的機器人控制系統（robotics control system），進一步擴大領先局面。競爭對手若不全面重整目前的流程和工廠，可能就無法採用類似的系統。追求跟現有業務緊密相關的累加式增值創新，其實就是延緩技術複製周期。

有時候，新公司和小公司利用新IT基礎以取得略勝業界領導者機會的風險相對偏低。舉例來說，涉及複雜且與眾不同業務的傳統競爭者，通常都有極爲複雜的專屬的資訊系統，要這些公司迅速汰換舊系統，在成本和干擾營運方面的風險著實太高，縱非不可能，可能也很困難。而他們無法立即體認ＩＴ基礎進展的利益，正好提供新進者一個競爭的缺口。

航空業就是絕佳的例子。各大航運公司大肆投資ＩＴ，固然有助於管理訂票、定價、排定班次、分派機員、維護等等，同時也把他們限制在特定的業務模式裏，鑑於他們對失誤和其他混亂的容忍度極低——至於法規、勞力和財務限制等就更別提了——要變換這些系統和流程可得花上好長一段時間。這個事實也讓新興航空公司在篤定業界龍頭不可能很快地模倣之下，率先啓用ＩＴ應用。以大本營設在紐約的捷藍航空（JetBlue）爲例，該公司所建構的系統是以落實日漸開放且共享的ＩＴ基礎所提供的效率爲主，機長用筆記型電腦取代紙筆來追蹤飛行計畫等重要資訊，訂票人員在家裏用ＰＣ透過網際網路而非昂貴的傳統電話網路來接聽。捷藍的技術都是可以廣泛取得、負擔得起又容易執行的東西，並沒有什麼特別極端的地方。這些技術所以對捷藍具有策略意義，完全是因爲競爭對手現有的營業模式阻止他們採取這類創新做法罷了。

從全盤來看，讓捷藍這樣的公司保住成功很要緊。它們往往可以當做ＩＴ「策略力」的例子。不過，事實並不是那麼簡單。捷藍的ＩＴ構想雖有促成其競爭優勢之功，但這優勢的源頭不在於技術，而在於業務模式，尤其是它相當新穎而單純的營運。捷藍一直到二○○四年初還是只用四十架左右的飛機，機型完全相同，所飛的城市不超過二十五個，且全都在美國。最大競爭對手之一的美航，則是八百四十架飛機組成的多元機隊，服務全球一百五十個城市。捷藍員工不到一萬人，美航則超過十一萬二千人。美航的勞動力已工會化，捷藍則不然。其實是這樣子的，我們在比較不同公司的表現時，往往忽略了營運越複雜，所需的資訊系統也就越複雜的事實。在規模經濟效益極為受限的航運業而言，增加班次就表示得增購新機和燃料，聘雇更多的空中與地勤人員，複雜性所造成的成本也特別繁重。一般而言，我們往往太快就把業務優勢歸因於科技，在把科技優勢歸因於業務時又稍嫌太慢。這種偏見正是立基於ＩＴ的優勢潛力不斷被高估的理由之一。

討論ＩＴ創新的時候，尤其需要指出聯合行動的重要性。個別的公司在ＩＴ投資上採取保守做法，固然大部分都不無道理，但若整個地區或產業都踩煞車，特別是在這創新做法讓通用的ＩＴ基礎更安全、可靠和有效的時候，就很危險了。稍假時日，這行動遲緩的地區或產業可能使自己在面對別的地區或產業時處於競爭劣勢。廠家之間的競爭往往可以確保基礎技術不斷進步，但有時也未必盡然。因此，各公司不要只想自己的策略利益，也要想想更廣泛的地區及產業利益，這才是明智之舉。尤其是公司群體，可能會想攜手合作，共同改善對大家都有好處的ＩＴ基礎。在創新不可能提供任何一家公司優勢的時候，分攤ＩＴ創新成本和風險的做法不無道理。

要更注意弱點，別盡鎖定機會

過度開支容或是與ＩＴ基礎相關的最大立即風險，但絕不是唯一的風險。ＩＴ代表很多營運危機，諸如技術上的故障或過時、保固服務停止、廠家或股東不可靠、病蟲和病毒、安全缺口、垃圾郵件、洩露機密資料、阻斷服務攻擊（譯按：denial-of-service attack，用意不在竊取資料，而是藉由密集攻擊的行動，使某個設備或網路無法正常運作，亦即無法提供使用者原有的服務），乃至恐怖攻擊等，而且有些危機已隨著公司由嚴密管控的專屬系統改爲開放共享的系統而大幅增加。舉例來說，企業系統已可透過網際網路存取，攻擊網站和網路的行爲也因此激增，估計十分之九的公司都有遭到未授權入侵的經驗，每年所造成的損失總額高達一百七十億美元。即使是相對而言較溫和的「紅色警戒」（Code Red worm），也在二〇〇一年波及數以千計跑微軟視窗的企業伺服器，造成全球約二十六億美元的損失。㉛

資訊科技破壞（IT disruption）不僅損失慘重，還可能癱瘓一家公司製造產品、提供服務和聯繫客戶的能力，至於敗壞商譽那就更別提了。然而，還是鮮有公司徹底做好識別和防堵漏洞的工作。雖然沒有公司能完全承擔電腦所衍生的風險，但有幾個基本措施確實可以降低危機，控制潛在傷害。第一也是最重要的：必須有人負責維持公司系統的完整性。安全問題不會無緣無故發生，是以大公司或可指派一位專職的ＩＴ安全主管，小公司則可將安全責任併入現有的業務或科技、甚至財務長的權責。第二，各公司必須透過定期安全稽核，審慎地將ＩＴ風險條目化和重點化，而且必須同時從企業防火牆內外來看待這類威脅，因爲，很多的ＩＴ破壞都是源自員工的報復或疏忽。第三，必須建立和落實一個整合內部工作人員、ＩＴ廠家、安全承包商和保險業者的降低風險計畫，特別著重於教育員工認識ＩＴ的弱點，列出他們的具體責任。最後，各公司必須提升維護安全系統的重要性和報酬。擔心可能會出什麼岔子的差事，也許不像預測ＩＴ未來進展的工作那麼迷人，但卻是目前較爲根本的工作。

減少安全漏洞往往跟組織有很大的關聯。今天，很多公司仍然讓個別的業務單位有相當的自由，可以選擇和管理自己的硬體與軟體，雇用自己的ＩＴ工作人員。這種分權化的做法雖有幾個好處，諸如強化業務對市場的回應能力和管理企業行政，但也可能帶來相當大的風險，例如，系統不相容的機率增加、採購力降低、公司整體資訊系統的安全性減弱等。雖說建議各公司對ＩＴ資產與人員施予嚴格的中央管控是有些過火，但分權化做法的風險日漸升高卻已是昭然若揭，每家公司都得本著一面加強控管與監督，同時維持各業務單位不同需求之敏感度的精神正視其ＩＴ組織。這種做法肯定會引起爭議，但攸關公司利害甚鉅，千萬延誤不得。

公司從購買和維護個別的硬體與軟體，轉移到管理複雜、整合的基礎技術時，就不能不重視熟練技術人員的重要性。業務主管雖須負起公司ＩＴ資產的效率、實效性和安全性的直接責任，但不能漠視安裝、維護和保護系統需有高深乃至專門技術知識的事實。迄至目前爲止，資深主管往往仍把ＩＴ工作人員當作一般的、可以互換的零件——無名的技術員——不把他們看做是性向與背景各不相同的獨特個體。這種看法必須改變。當公司的焦點從硬體和軟體系統的策略意義，轉到這些系統的運用方式時，ＩＴ工作人員的技術應是越發重要，而不是更無足輕重。

同時，ＩＴ專家的部署方式可能也會有明顯的改變。由於ＩＴ的控制權逐漸從使用者轉到廠家手上，傳統的ＩＴ工作將會逐步由遠端來執行，而內部ＩＴ部門則可能會日漸萎縮。因此，還在職的ＩＴ員工除了拿手的專業知識之外，還得更精通談判術和管理術，以便更有效率地跟廠家進行談判，以及協調異質且遠在異地的勞動力。今天，除了吸引和留住最好的ＩＴ人材之外，可能沒有其它降低ＩＴ風險的更好辦法。

至於最高層的企業ＩＴ主管——資訊長——則帶頭以務實的新觀點廣爲傳播ＩＴ的長處和缺失。務實在ＩＴ規畫上尤其重要。老是假定ＩＴ具有策略價值，往往會導致過度樂觀地預測新投資的報酬率，從而使公司匆匆撒下鉅資。在評估開支方案的時候，單看投資報酬率估算是不夠的。此外，執行長還得帶頭讓組織認淸競爭對手會怎麼回應，以及這些回應對毛利和利潤有什麼影響。他們尤其得正視預估的節約成本或生產力提升，最後究竟是落在公司的純利上，還是落入客戶手中。而且，他們必須客觀評估，預期的營收數字是否眞的合理。

資訊長最終的專業目標，是很可能會把自己逼退；讓ＩＴ基礎穩定且堅固，變得沒什麼希奇，最後就不需要再有個現職的高階管理者。麥克思・霍波（Max Hopper）是美國航空主管，一九七〇年代負責Sabre系統，接著成爲該公司的ＩＴ最高主管的他，在一九九〇年就看出徵兆，大膽預言資訊系統將會被視爲「更像是電力或電話網路，而不再被看做是決定性的組織優勢來源。到那時，公司如果大吹大擂地任命新的資訊長，就像是任命水電瓦斯副總裁一樣，不免予人時代倒錯之感。像我這樣的人能做到讓自己失業就算是成功了，唯有到那個時候，我們的組織才能擁抱資訊科技眞正的承諾。」㉜雖然我們距離完成霍波的願景還有一大段路，對ＩＴ主管而言仍不失爲值得一試的目標。

本章所開列的四大原則：減少支出；追隨即可，不要主導；風險低時推陳出新；要更注意弱點，別盡鎖定機會，也跟所有的事業成功祕訣一樣，應該帶著存疑的態度來審視。每家公司都得根據客觀條件評估自己特有的挑戰、環境和需要，做出自己的抉擇。有時候，公司大力投資特定的ＩＴ系統或能力，甚至施行率先行動者策略，可能不無道理，但大部分的公司最好還是將ＩＴ視爲產品投入來管理，而不要當做策略資產。對絕大多數的企業而言，成功的關鍵是別再積極追求優勢，而是審愼管理成本和風險。網際網路泡沫崩壞之後，很多主管已逐漸對ＩＴ採取比較保守的態度，花錢比較節制，想法也比較務實。他們走對路了，今後的挑戰將是，在景氣循環周期走強，高唱ＩＴ策略價值的歌聲又升起時，仍繼續保持這種修養。

7

寄望神妙的機器

科技演變的判讀與誤判

二十世紀末的新科技只是過去的延伸，
而並不是打破過去，
它所帶來的變動似乎不太大。
沒有十九世紀的諸多進步，
絕不可能有今天的生活。
你不妨自問，你願意丟掉哪一項，
是電腦還是抽水馬桶？
是網路連線還是電燈泡？

萊昂斯公司在一九四七年決定自建第一部商用電腦之舉，代表出色的商業創新行爲、管理卓見與智慧的成就。這個決定讓它在把勞力密集的業務流程自動化上，領先競爭對手好幾年，結果收效闊大。可惜，萊昂斯終歸要被淘汰，連威力和速度驚人的LEO電腦也挽救不了。該公司的茶坊在二次世界大戰前是英國生活上的主要飲品，戰後消費者口味和作息改變，萊昂斯也逐漸不受青睞。正如該公司員工回憶說道，電腦帶給萊昂斯的鉅大營運利益，「卻阻止不了茶坊人氣和獲利力衰微。」①一九七八年，萊昂斯被一家釀酒廠購併，從此消失無蹤。

在LEO電腦設計和製造時擔任萊昂斯執行總監的約翰·西蒙斯（John Simmons），他接受倫敦科學博物館（London Science Museum）研究人員採訪，回顧早年萊昂斯對電腦化所懷抱的希望：「我們寄望某種神妙的機器，只需塞進白紙，按幾個鍵，就可以得出所要的答案；眞的好天眞。」②這夢想雖天眞，但萊昂斯既不是最先也不是最後做這種夢的公司。科技讓人心動著迷，尤其是廣爲各方採用的基礎科技，著實教人很難抗拒，這也很可以說明何以人們往往會對電腦寄予過高的期望。

任何新基礎科技的來臨，都標示著一個跟過去分道揚鑣的轉折點，讓人們可以幻想未來，它營造出一個知性的空間，任想像自由馳騁，不受舊法則和經驗所羈絆。未來學家細述接近天堂（或者偶爾是接近地獄）的種種境況，而每一個未來新幻景又成爲更加荒誕臆測的根由。新聞界求奇聞異象若渴，那怕其聳動性僅限於概念，遇有新的理論無不急急忙忙宣揚，甚至連最誇張的主張也賦予毫無根據的可信度。不多時，全體民眾興奮若狂，共同分享令人痴狂的重生大夢。歷史學家大衛・奈伊（David Nye）在《觸電的美國》（*Electrifying America*）一書中說明這個現象及其必然結局：

> 一開始，美國人果如大衆媒體所預言，相信電力可以免除他們的勞苦……有關電氣化未來的諸多荒唐預言，實爲新科技社會意義不可或缺的一部分。當時的美國人以爲可以用電來除睡眠、治疾病、減肥、開智慧、消除汙染、免除家務事等等。然而，電力科技的實際發展卻與預期不符，這些出自外行或從愛迪生到技術官僚等「專家」的諸多預言，能兌現的少之又少。③

若論革命性，資訊科技還遠不如電力，儘管如此，它卻引出尤爲極端的誇大預言，而這種現象又在一九九〇年代數位烏托邦的幻象變成街頭巷議時臻於最高潮。網際網路玄學家以近乎宗教熱忱的情懷，保證讓我們免於物理之我的重擔與侷限，把我們釋放到電腦空間的淨化新世界裏。革命將臨的意識很快地傳遍商界，虛擬商務概念占據主管和投資人的想像。《Killer App: 12步打造數位企業》兩位作者在一九九八年形容網際網路是「太初渾湯」（primordial soup），嶄新的商業世界正從中浮現，就相當能掌握這種時代思潮。他們保證，轉型到這個新世界並不是那麼困難：「既然企業本身就是想像的產物，在虛擬空間做生意，只須在適應方式上稍做改變即可。」④

由於網際網路榮景破滅，如此恣意的主張已越來越少見。但是，即使到了今天，把IT看做「改變一切」的革命動力的欲望還是很強烈。有位《多倫多環球郵報》專欄作家告訴我們，網際網路的重要性容或已經退潮，「另一波我稱之爲超維網的浪潮正滾滾而來。」⑤《商業週刊》則宣告「潛能幾乎無可限量的全球數位神經系統」已經浮現。⑥許多IT顧問也宣稱，有一款神奇的「商業流程管理」新軟體，主管們只要點幾下滑鼠就可以改造組織。⑦要從幻想中理出眞相，仍然是個艱難的挑戰。

因此，筆者在本書結尾時，拉遠距離，廣泛地衡量IT對企業，乃至整個社會的影響，誰曰不宜。可惜，說來容易做來難。雖然我們跨進所謂「電腦革命」已經五十年，要準確地論斷IT效應的範圍和形態還是很難。它眞具有轉化力量？它會變成眞的轉化力量？事實是，我們還無法肯定地回答這兩個問題，最好的辦法是，知之爲知之，不知爲不知，本著好奇、明辨和謙卑的心態展望未來。

當然，IT無所不在的事實十分明顯。電腦無所不在，而且好像什麼事都能做。它們簡化了所有的運算，讓我們輕輕鬆鬆的讀取龐大的資訊。它們透過網際網路，改變了我們的溝通、蒐集資訊、購物和執行每日交易的方式。各公司利用它們龐大的運算能力，把無數過去得經由手工完成的工作自動化，加快很多作業的處理速度，且往往可以大幅降低成本。可是，IT是否已從本質上改變我們生活或工作的方式？我們很難如此主張。假設你把某人從一九三〇年代拉出來，隨意放在今天的世界裏，他能了解自己的所見所聞嗎？答案是能。社會和商業（包括商業組織和流程）的基本結構、機關與作息上的變化，並沒有我們一廂情願所想地那麼大。我們大致上還是「第二次產業革命」的兒女。

的確，比起十九世紀末新科技（不只是鐵路、電報、電話和電力，還有內燃機、電冰箱、空調、攝影、室內配管〔indoor plumbing〕）帶給社會和商業的大變動，二十世紀末的新科技只是過去的延伸，而並不是打破過去，它所帶來的變動似乎不太大。沒有十九世紀的諸多進步，絕不可能有今天的生活。你不妨自問，你願意丟掉哪一項，是電腦還是抽水馬桶？是網路連線還是電燈泡？⑧

即便有關於IT在提升生產力上的作用，也仍是個未有定論的課題。IT蓬勃發展的頭四十年，美國生產力成長並沒有由牛步而暴增，促成頂尖經濟學家索羅提出他著名的一九八七年觀察：「電腦時代隨處可見，唯獨在生產力統計數字裏不見蹤影。」⑨一九九〇年代末期生產力陡然竄高，似乎解決了索羅的「生產力矛盾」(productivity paradox)，也終於指明ＩＴ有能力在不輔以資金繼續投入之下提高產業產出值。接著有幾份學術研究問世，極具說服力地臚列電腦化和生產力之間的關聯。舉例來說，二〇〇二年二月，由聯邦準備理事會兩位經濟學家所做的報告就主張，雖然電腦化在一九九〇年代初期對生產力成長「貢獻相當小」，但「到九〇年代後半，貢獻度急升」。這兩位研究人員歸結說道，「資訊科技是提升生產力背後的關鍵因素。」⑩

一向謹言慎行的聯準會主席葛林斯潘(Alan Greenspan)在二〇〇〇年三月六日的演講中，索性把「生產力成長再出現」歸功於「資訊科技革命」。他接著說出當時似乎很明顯的事：

新科技的利益唯有具現在資本投資上、也就是能增加公司價值的開支，始能落實。要做這些投資，預期報酬率必須大於資本成本。科技綜效業已擴大生產資本投資，證券價位高漲和高科技設備的價格日降則降低了資本成本。結果，高科技設備與軟體支出名副其實地爆增，從而大幅提升近五年來的股本成長率。資本支出上揚走勢仍然強勁的事實，顯示商界不斷尋找各式各樣潛在高報酬率、提升生產力的投資。我沒有看到任何跡象顯示，這些機會很快就會消失。⑪

當然，葛林斯潘這番意興遄飛的話，正好標示了牛市（Bull Market）和ＩＴ支出雙雙臻於高峰的時刻。何況，我們後來也發現，一九九〇年代很多看來是「高報酬率」的ＩＴ投資，結果對投資的公司並沒有產生任何報酬——甚至有很多設備買了卻始終沒用。大致說來，這並不表示ＩＴ股本大量擴張，最後對整體經濟無益，沒有提高總體生產力和改善生活水準。的確，世紀交替之後美國生產力持續擴張，大部分是一九九〇年代ＩＴ投資使得各公司能以較少的員工做更多的事使然。⑫

儘管如此，ＩＴ與生產力關係的性質和強度，仍有許多不確定性。常有人問，爲什麼有些大力投資ＩＴ的國家和產業享有強勁的生產力成長率，有些大投資者卻沒有？有關一九九〇年代生產力起伏之間的差異，麥肯錫環球研究所有相當完備的記錄。該所研究那十年間的生產力成長後發現，絕大部分的好處集中在少數產業上，特別是生產電腦和相關產品的業者。麥肯錫發現，半導體、電腦組裝和電信這三個ＩＴ相關產業，雖只占美國經濟的八％，一九九三至二〇〇〇年的生產力成長率卻占了三六％。另外三個產業：零售、批發和證券經紀業，雖只占美國經濟的二四％，卻占生產力總成長率的四〇％。因此，整體來說，只占全美國國內生產毛額三十二％的六個產業，就占去七六％的生產力成長率，其他的產業不是只略有斬獲，就是反而衰退。

依麥肯錫的說法，在這六個生產力成長特別快速的產業裏，IT只是「促成躍升的許多營運因素之一」，IT的創新用途誠然很重要，但「決定性的催化劑」不過是，「競爭的激烈程度提高」，迫使經理人找尋各種有創意的方法來提升公司的效率。⑬最令人注目的是，麥肯錫發現只有一個產業是由網際網路促成生產力的實質成長。到底是哪個產業呢？說來很諷刺，是證券經紀業在線上股票交易上大有斬獲——這種創新本身已成為泡沫時代的象徵。⑭

布萊恩喬福森和奚特也強調「互補型投資」的重要性。多項探討IT在生產力成長中角色的廣泛研究顯示，IT往往得花好多年才能實質提升公司生產力，且其成長與相關流程及組織創意的關係，不下於與科技本身的關係。他們寫道，「在『組織資本』上的互補型投資……可能高達直接投資電腦十倍之多。」⑮經濟學家之間逐漸形成的共識顯然是，IT雖相當程度、甚至戲劇性地提升某些產業的生產力，但唯有跟企業制度、競爭力和規範管理上更廣泛的變革結合始能奏效，若是孤立起來，往往會變成毫無作爲。

判斷ＩＴ對生產力的影響十分要緊。它可以讓經濟學家和政治人物更準確地預測未來的經濟狀況，也有助於政府決定投資目標與方式，或宣導擴大本國與地區性的ＩＴ基礎建設。不過，除了ＩＴ對生產力的影響之外，還有很多問題沒有受到太大的注意。

大力投資ＩＴ的結果跟以前基礎科技的情況一樣，已經在公司內造成經濟學家所謂的「資本深化」(capital deepening)，也就是以設備取代勞務的現象。簡單地說，過去由人來做的工作已經被電腦接收過去。經濟成長勢頭很旺——產出值的成長速度比生產力快——的時候，這種「交易」對個別的公司和整體經濟，乃至整個社會有益；商業界越來越有效率，丟了飯碗的工人很快找到新的工作，整體生活水準因而提升。

然而，若是生產力成長跑在經濟成長前頭，所呈現的可能就是截然不同，且全然不是那麼動人的經濟動態。工作數量可能開始減少，失業率可能升高、商品可能供過於求、價格可能下跌、貧富差距可能越發擴大加深。值得一提的是，我們已經在最近的美國經濟史上看到這些現象的徵兆。認爲來自ＩＴ投資的生產力成長也有害處固然失之草率——美國經濟的韌性不容輕估——斷然摒除其可能性，同樣也有欠斟酌。

其實，我們只要回顧一下十九世紀後半葉，便會發現令人不安的前例。一八七〇年代時，也是全球陷入科技引發的投資狂熱，鐵路、海運和電報線路快速擴張，打開全球貿易的大門，激起大量的資本投資，結果是在生產急速增加、生產力飆升、激烈競爭和產業普遍產能過剩綜合影響之下，儘管全球經濟持續擴張，仍造成將近三十年的長期通貨緊縮。在當時最主要的經濟強權——英國，其整體物價水準跌了四〇%。⑯而在美國，從一八六七到一八九七年，大多數產品的價格都持續下跌。

那位《機械雜誌》作家的預言「樣樣便宜」，果然一語成讖，只不過跟他所想的不太一樣，效應也更複雜罷了。利潤跟著物價下跌，工商界苦不堪言。經濟蕭條蔓延，十九世紀中葉根深柢固之商機無限的信念逐漸消失。工人丟了工作、農民和勞工暴動、各國紛紛再築起貿易壁壘。誠如歷史學家蘭德斯（D. S. Landers）所說的，「未來進步無止境的樂觀想法，難敵不確定和愁苦感。」⑰

當然，今天的世界已大不相同。我們比十九世紀的前輩更了解全球經濟動態，也有更妥善的機制監督商務與貿易。歷史不太可能重演。儘管如此，我們要切記，引進新基礎科技可能產生複雜，且往往是不可預測的後果，通貨緊縮壓力的加強、將技術工作轉到低勞動成本的國家，以及傳統競爭優勢的侵蝕等這些現象不應被忽視。資訊科技不會改變一切，卻可以改變很多事，有些變好，有些變壞，不論是好是壞，我們都需要投以仔細和清明的關注。

註釋

序言：大論戰

①書中從頭到尾使用「資訊科技」(Information Technology)和IT，因爲這兩個名詞在美國使用最廣，別的地方則比較傾向採用更爲精確的「資訊與通信科技」(Information and Communication Technology)和ICT。我認爲，在一般的用法上，ICT和IT意義相通，而我正是本著這種認知使用IT一詞。

②其實，IT產業的創意重點顯然已由商業轉向消費市場。由於家用電腦逐漸用在影片編輯、聲音和影像處理、畫質逼眞的電玩，今天一般家用電腦使用者對更大的處理能力和創意新軟體的需求，反而比商業使用者更爲殷切。

1 科技轉型：新商業基礎興起

① Rob Walker, "Interview with Marcian (Ted) Hoff," *Silicon Genesis: Oral Histories of Semiconductor Industry Pioneers*, 3 March 1995, 〈http://www.stanford.edu/group/mmdd/SiliconValley/SiliconGenesis/TedHoff/Hoff.html〉 (accessed 16 June 2003). See also Jeffrey Zygmont, *Microchip: An Idea, Its Genesis, and the Revolution It Created* (Cambridge, MA: Perseus, 2003), 104-119.

② U.S. Department of Commerce, *The Emerging Digital Economy*, April 1998, 6.

③ Gartner Dataquest, "Update: IT Spending," June 2003, 〈http://www.dataquest.com/press_gartner/quickstats/ITSpending.html〉 (accessed 13 August 2003).

④ "The Compass World IT Strategy Census 1998-2000," (Rotterdam, The Netherlands: Compass Publishing BV, 1998) 4-5.

⑤ Jack Welch with John A. Byrne, *Jack: Straight from the Gut* (New York: Warner Books, 2001), 341-351.

⑥ Adrian Slywotzky and Richard Wise, "An Unfinished Revolution," *MIT Sloan Management Review* 44, no. 3 (Spring 2003): 94.

⑦ Blackstone Technology Group, "Blackstone Technology Group-Expertise," 〈http://www.bstonetech.com/Expertise_4.asp〉 (accessed 28 June 2003).

⑧ Brad Boston, "Cisco Systems' CIO Brad Boston Responds to Nicholas G. Carr's Article 'IT Doesn't

Matter,'" 25 June 2003, 〈http://newsroom.cisco.com/dlls/hd_062503.html〉 (accessed 26 June 2003).

⑨ Microsoft, "What .NET Means for IT Professionals," 24 July 2002, 〈http://www.microsoft.com/net/business/it_pros.asp〉 (accessed 28 June 2003).

2 鋪軌：基礎科技的本質與演進

① 《利物浦與曼徹斯特鐵路上的火車競賽》，刊於一八二九年十月十七日《機械雜誌》，由雷斯科鐵路網站 http://www.resco.co.uk/rainhill/rain2.html 轉載（二〇〇三年二月八日讀取）。誠如錢德勒所指出的，鐵路對美國的衝擊更大，因爲美國幅員較大，產業基地開發程度較低。參見 Alfred. D. Chandler.Jr. 所著《水平與規模：產業資本主義動力學》（劍橋，哈佛大學出版社，一九九二年），第二五二頁。

② Edward Chancellor, *Devil Take the Hindmost: A History of Financial Speculation* (New York: Farrar, Straus and Giroux, 1999), 150-151.

③ Chandler, *Scale and Scope*, 65.

④ Tom Standage, *The Victorian Internet* (New York: Walker & Company, 1998), 167-168.

⑤ Sam H. Schurr et al., *Electricity in the American Economy: Agent of Technological Progress* (Westport, CT: Greenwood Press, 1990), 27.

⑥ See David E. Nye, *Electrifying America: Social Meanings of a New Technology* (Cambridge: MIT

Press, 1990), 185-237.

⑦ Schurr et al., *Electricity in the American Economy*, 21-26.

⑧ See Amy Friedlander, *Power and Light: Electricity in the U. S. Energy Infrastructure, 1870-1940* (Reston, VA: CNRI, 1996), 62-63.

⑨ As quoted in Schurr et al., *Electricity in the American Economy*, 32. See also Richard B. DuBoff, *Electric Power in American Manufacturing, 1889-1958* (New York: Arno Press, 1979), 139-148.

⑩ Friedlander, *Power and Light*, 62.

⑪ Chandler, *Scale and Scope*, 58-59.

⑫ See Alfred D. Chandler Jr., *The Visible Hand* (Cambridge: Harvard University Press, 1977), 249-253.

⑬ For more on Hershey, see Joel Glenn Brenner, *The Emperors of Chocolate: Inside the Secret World of Hershey and Mars* (New York: Random House, 1999).

⑭ Eric Hobsbawm, *The Age of Capital: 1848-1875* (New York: Vintage, 1996), 310.

⑮ Ibid., 59.

⑯ Standage, *The Victorian Internet*, 58.

⑰ DuBoff, *Electric Power in American Manufacturing, 1889-1958*, 43.

⑱ John Brooks, *Telephone: The First Hundred Years* (New York: Harper & Row, 1976), 69, 108, 187.

⑲ Tomas Nonnenmacher, "History of the U.S. Telegraph Industry," *EH.Net Encyclopedia of Economic and Business History*, 15 August 2001, 〈http://www.eh.net/encyclopedia/nonnenmacher.industry.telegraphic.us.php〉(accessed 20 June 2003).

⑳ Nye, *Electrifying America*, 261.

㉑ See, for example, Bryan Glick, "IT Suppliers Racing to Be an Indispensable Utility," *Computing*, 16 April 2003, 〈http://www. computingnet.co.uk/Computingopinion/1140261〉(accessed 18 June 2003).

3 幾近完美的商品：電腦軟硬體的命運

① 本章和本書所用「商品」(commodity) 和「商品化」(commoditization) 一詞，是從使用者的角度著眼。根據這種觀點，一旦資源變成所有競爭者可以輕易取得，且再也無法提供任何一家公司持久市場區隔的特色，它就成爲商品。使用者認爲的商品投入，對於供應而言未必是商品。以Microsoft Office爲例，Office已是大部分公司共同的商品投資，買下使用授權的公司未必能取得優勢。可是，對微軟而言，Office卻不僅是一種商品而已。微軟透過控制PC、操弄標準和相容性、網路效應、高使用者轉換成本 (switching cost) 等各種手段，繼續溢價出售已經變成平凡產品的Office，牟取鉅大利益。

② Kathryn Jones, "The Dell Way," *Business 2.0*, February 2003, 6o.

③ Andrew Park and Peter Burrows, "Dell, the Conqueror," *BusinessWeek*, 24 September 2001, 92.

④ Ibid.

⑤ "Modifying Moore's Law," *The Economist*, Survey: The IT Industry, 10 May 2003, 5.

⑥ John Markoff and Steve Lohr, "Intel's Huge Bet Turns Iffy," *NewYork Times*, 29 September 2002.

⑦ Aaron Ricadela, "Amazon Says It's Spending Less on IT," *Information Week*, 31 October 2001, 〈http://www.informationweek.com/story/IWK20011031S0005〉 (accessed 7 July 2003).

⑧ Richard Waters, "In Search of More for Less," *Financial Times*, 29 April 2003.

⑨ See Daniel Roth, "Can EMC Restore Its Glory?" *Fortune*, 8 July 2002, 107.

⑩ Jones, "The Dell Way."

⑪ Clayton M. Christensen, *The Innovator's Dilemma: When New Technologies Cause Great Firms to Fail* (Boston: Harvard Business School Press, 1997), xxii. See also chapter 8 of Christensen's book.

⑫ See "Moving Up the Stack," *The Economist*, Survey: The IT Industry, 10 May 2003, 6.

⑬ 見羅爾《*Go To*》（紐約 Basic Book 出版，二〇〇一年）第八頁。羅爾對軟體的觀點大致上極爲正確，問題在於世人常把創新潛力跟實用價值混爲一談，以爲軟體發展沒有限制，必定也隱含它在商業上的用途也無所限制的意思。這種看法在ＩＴ圈裏流傳甚廣，且常常反映在非難我在《哈佛商業評論》那篇〈ＩＴ沒有明天〉的文章上。舉例來說，《產業周報》（*Industry Week*）某專欄作家就寫道，「軟體最恰當的比擬是它的發祥之處：腦力。軟體特性、應用和功能上的限制，問題全出在人類的腦子。商業軟體的應用法不一而足，幾可說是不可勝數」。參見道格・巴多羅買（Doug Bartholomew）所撰〈沒錯，尼可拉斯，ＩＴ的確有明天〉（Yes, Nicholas, IT Does Matter）。http://www.industryweek.com./Columns/Asp/columns.asp?ColumnId = 955，筆者上網讀取時間爲二〇〇三年十月五日。某知名ＩＴ顧問同樣主張，「已開發且在商業硬體上跑的軟體，代表無盡的生財創意

泉源」。參見彼得·歐法瑞（Peter O'Farrell）所撰〈卡爾出軌〉（Carr Goes Off the Rail）。http://www.cutter.com/freestuff/bttu0307.html # offarrell，讀取時間二〇〇三年十月四日。使用「生財的」（profitable）這個形容詞，不啻使該文從陳述事實變成一種臆測。

⑭ Martin Campbell-Kelly, *From Airline Reservations to Sonic the Hedgehog: A History of the Software Industry* (Cambridge: MIT Press, 2003), 31-34.

⑮ Ibid., 71.

⑯ See, for example, Philip J. Gill, "ERP: Keep it Simple," *Information Week*, 9 August 1999, 〈http://www.informationweek.com/747/47aderp.htm〉 (accessed 12 July 2003).

⑰ John Foley, "Oracle Targets ERP Integration," *Information Week*, 30 March 1998, 〈http://www.informationweek.com/675/75 iuora.htm〉 (accessed 8 July 2003).

⑱ Campbell-Kelly, *History of the Software Industry*, 195.

⑲ See Sam H. Schurr et al., *Electricity in the American Economy: Agent of Technological Progress* (Westport, CT: Greenwood Press, 1990), 43-49.

⑳ Carl Shapiro and Hal R. Varian, *Information Rules: A Strategic Guide to the Network Economy* (Boston: Harvard Business School Press,1999), 193-194.

㉑ Netcraft, "July 2003 Web Server Survey," 〈http://news.netcraft.com/archives/2003/07/02/july_2003_web_server_survey.html〉 (accessed 7 July 2003).

㉒ Lohr, *Go To*, 6-7.

㉓ Richard Waters, “In Search of More for Less,” *Financial Times*, 29 April 2003; Paul Taylor, “GE: Trailblazing the Indian Phenomenon,” *Financial Times*, 2 July 2003.

㉔ Nuala Moran, “Looking for Savings on Distant Horizons,” *Financial Times*, 2 July 2003.

㉕ Ibid.

㉖ Kumar Mahadeva, conversation with author, 16 June 2003.

㉗ John Seely Brown and John Hagel III, letter to the editor, *Harvard Business Review*, July 2003, 111.

㉘ Scott Thurm and Nick Wingfield, “How Titans Swallowed Wi-Fi, Stifling Silicon Valley Uprising,” *Wall Street Journal*, 8 August 2003.

㉙ 由於網路服務導向的架構興起，可能根本改變公司購買和使用資訊科技的方式，廠家的風險也很高。目前，廠家間的利益衝突已危及攸關形成架構的努力，亦即建立一套網路服務的單一標準。當本書付梓時，達成一致標準的前景似乎越來越淡薄，至少短期內是如此。誠如《資訊長》雜誌在二〇〇三年報導中所指出的，出現相持不下的標準制定團體，象徵「今年起網路服務標準的過程開始瓦解」。參見克里斯多夫・柯克（Christopher Koch）所撰〈網路服務之戰〉（The Battle for Web Services），刊登於二〇〇五年十月一日號《資訊長》雜誌。http://www.cio.com/archive/100103/standards.html，讀取時間二〇〇三年十一月二十五日。

㉚ 就網路服務的潛在意義而言，比較樂觀的看法方面可參見約翰・奚利・布朗和約翰・海格的〈彈性的ＩＴ，更好的策略〉（Flexible IT, Better Strategy），刊於《麥肯錫季刊》（*McKinsey Quarterly*）二〇〇三年第四號。http://www.mckinseyquarterly.com/article_page.asp？ar＝1346&L2＝13&L3＝

12&srid＝14&gp＝1，讀取時間爲二〇〇三年十月。

㉛ 鑒於程式設計師無限的創意，網路服務的發展可以讓各公司隨著監視競爭對手如何應用別的網路服務，自屬不難想像。因此，迅速複製的能力自然會被加進規劃的架構中。

㉜ Scott McNealy, keynote speech at SunNetwork 2003 conference, San Francisco, 16 September 2003, 〈www.sun.com/about sun/media/presskits/networkcomputing03q3/mcnealykeynote.pdf〉 (accessed 1 October 2003).

㉝ Mylene Mangalindan, "Oracle's Larry Ellison Expects Greater Innovation from Sector," *Wall Street Journal*, 8 April 2003.

㉞ Robert J. Gordon, "Does the New Economy Measure Up to the Great Inventions of the Past?" *Journal of Economic Perspectives* 4, no. 14 (Fall 2000): 62. See also Robert J. Gordon, "Hi-Tech Innovation and Productivity Growth: Does Supply Create Its Own Demand?" NBER working paper, 19 December 2002.

㉟ Tony Comper, "Back to the Future: A CEO's Perspective on the IT Post-Revolution," speech at the IBM Global Financial Services Forum, San Francisco, 8 September 2003, 〈http://www2.bmo. com/speech/article/0,1259,contentCode-3294_divId-4_langId-1_nav Code-124,00.html〉 (accessed 23 September 2003)

㊱ ＩＴ業界並不是每個人都認爲，未來可以無限成長。二〇〇三年年初，甲骨文公司的執行長賴利・艾利森（Larry Ellison）便在《華爾街日報》撰文，質疑「這荒誕的想法……認爲我們永遠不會成爲成熟產業」，並指出ＩＴ業可能已經「大而無當」，便招來許多同行怒目相向。（參見《華爾街日報》記者曼嘉琳丹二〇〇三年四月十日專文〈甲骨文的艾利森預期業界再創新〉（Oracle's Larry

Ellison Expects Greater Innovations from Sector)。昇陽公司共同創始人比爾・喬伊（Bill Joy）也在二〇〇三年達沃斯「世界經濟論壇」上提出令人惶惶不安的問題：「萬一人們所需的東西大部分都已買了，該怎麼辦？」（參見二〇〇三年一月二十七日《紐約時報》記者藍德勒報導〔Titans Still Gather at Davos, Shorn of Profits and Bavado〕）。連惠普執行長卡莉・菲奧莉娜（Carly Fiorina）也公開預測說，由於各公司紛紛因應成長率大幅遲緩現勢，ＩＴ產業將會明顯衰退。（參見二〇〇三年八月十一日《富比士》，第七十六頁。）

4 消失中的優勢：資訊科技在商業界改變中的角色

① Lorin M. Hitt and Erik Brynjolfsson, "Productivity, Business Profitability, and Consumer Surplus: Three *Different* Measures of Information Technology Value," *MIS Quarterly* 20, no. 2 (June 1996):121-142.

② Erik Brynjolfsson and Lorin Hitt, "Paradox Lost? Firm-Level Evidence on the Returns to Information Systems Spending," *Management Science* 42, no. 4 (April 1996): 541-558.

③ Hitt and Brynjolfsson, "Productivity, Business Profitability, and Consumer Surplus," 131.

④ Ibid., 134-135.

⑤ Ibid., 139.

⑥ Baba Prasad and Patrick T. Harker, "Examining the Contribution of Information Technology Toward

Productivity and Profitability in U.S. Retail Banking," Wharton Financial Institutions Center Working Paper 97-09, March 1997, 18.

⑦ 値得一提的是，布萊恩喬福森認爲，IT創新可以持續提供個別公司的競爭優勢潛力，只不過，他指出任何優勢往往都不是來自技術本身，而是安裝這項這技術之後在組織、人事以及流程上發生變化所致。參見布萊恩喬福森所撰〈IT生產力差異〉(The IT Productivity Gap)，刊於二〇〇三年七月號《優化雜誌》(*Optimize*)。http://www.optimizemag.com/printer/021/pr_roi.html，讀取日期爲二〇〇三年九月八日。

⑧ J. Bradford Delong, "Macroeconomic Implications of the 'New Economy,'" May 2000, 〈http://www.j-bradford-delong.net/OpEd/virtual/ne_macro.html〉 (accessed 13 January 2003).

⑨ Martin Campbell-Kelly, *From Airline Reservations to Sonic the Hedgehog: A History of the Software Industry* (Cambridge: MIT Press, 2003), 14-15.

⑩ Robert H'obbes' Zakon, "Hobbes' Internet Timeline v. 6.1," 2003, 〈http://www.zakon.org/robert/internet/timeline〉 (accessed 23 January 2003).

⑪ Olga Kharif "The Fiber-Optic 'Glut'—in a New Light," *BusinessWeek Online*, 31 August 2001, 〈http://www.businessweek. com/bwdaily/dnflash/aug2001/nf2001o831_396.htm〉 (accessed 18 December 2002〉.

⑫ Brian Hayes, "The First Fifty Years," *CIO Insight*, 1 November 2001, 〈http://www.cioinsight.com/article2/o,3959,49331,oo.asp〉 (accessed 12 June 2003).

⑬ Campbell-Kelly, *A History of the Software Industry*, 30.

⑭ Martin Campbell-Kelly and William Aspray, *Computer: A History of the Information Machine* (New York: BasicBooks, 1996), 169.

⑮ Leslie Goff, "Sabre Takes Off," *Computerworld*, 22 March 1999, 〈http://www.computerworld.com/news/1999/story/0,11280,34992,00.html〉 (accessed 27 June 2003).

⑯ Campbell-Kelly, *A History of the Software Industry*, 45.

⑰ Thomas Petzinger Jr., *Hard Landing: The Epic Contest for Power and Profits That Plunged the Airlines into Chaos* (New York: Times Books, 1995), 55.

⑱ See "American Hospital Supply Corporation: The ASAP System (A)," Harvard Business School Case # 9-186-005, 1988.

⑲ Ibid., 1.

⑳ Charles Marshall, Benn Konsynski, and John Sviokla, "Baxter International: OnCall as Soon as Possible?" Harvard Business School Case # 9-195-103, 1994 (revised 29 March 1996), 7.

㉑ For more on Reuters, see Donald Read, *The Power of News: The History of Reuters, 1849-1989* (Oxford: Oxford University Press, 1992).

㉒ Progressive Policy Institute, "Computer Costs Are Plummeting," *The New Economy Index*, November 1998, 〈http://www.new economyindex.org/section1_page12.html〉 (accessed 12 January 2003).

㉓ Steve Lohr, *Go To* (New York: Basic Books, 2001), 162.

㉔ Erik Brynjolfsson and Lorin M. Hitt, "Beyond Computation: Information Technology, Organizational

Transformation and Business Performance," *Journal of Economic Perspectives* 14. no. 4 (2000): 26.

㉕ 基於安全考量也可以防止一家公司不去使用網際網路以順利執行一些敏感的交易。

㉖ Thomas H. Davenport, "Putting the Enterprise into the Enterprise System," *Harvard Business Review*, July-August 1998,121-131.

㉗ See, for example, Philip J. Gill, "ERP: Keep It Simple," *Information Week*, 9 August 1999, 〈http://www.informationweek.com/747/47aderp.htm〉 (accessed 12 July 2003).

㉘ Kevin Lynch, "Network Software: Finding the Perfect Fit," *Inbound Logistics*, November 2002, 〈http://www.inboundlogistics.com/articles/itmatters/itmatters1102.shtml〉 (accessed 8 July 2003).

㉙ Erik Brynjolfsson and Lorin M. Hitt, "Computing Productivity: Firm-Level Evidence," MIT Sloan Working Paper 4210-01, June 2003, 26.

㉚ Carlota Perez, *Technological Revolutions and Financial Capital: The Dynamics of Bubbles and Golden Ages* (Cheltenham: Edward Elgar, 2002), 36.

㉛ Ibid., 4.

㉜ Ibid., 134-135.

5 共通的策略方案：IT基礎對傳統優勢的侵蝕效應

① Michael E. Porter, *Competitive Advantage: Creating and Sustaining Superior Performance* (New York:

Free Press, 1985), 164.

② Mark Cotteleer, "An Empirical Study of Operational Performance Convergence Following Enterprise IT Implementation," Harvard Business School Working Paper 03-011, October 2002.

③ Bill Gates, *The Road Ahead*, 2nd edition (New York: Penguin, 1996), 180-181.

④ Michael E. Porter, "Strategy and the Internet," *Harvard Business Review*, March 2001, 66.

⑤ Rajen Madan, Carsten Sϕrenson, and Susan V Scott, '"Strategy Sort of Died Around April of Last Year for a Lot of Us': CIO Perceptions on ICT Value and Strategy in the UK Financial Sector," paper presented at the 11th European Conference on Information Systems, Naples, Italy, 19-21 June 2003, 10.

⑥ Quoted in Michael Schrage, "Wal-Mart Trumps Moore's Law," *Technology Review*, March 2002, 21.

⑦ 參見瑪格麗塔與史東（Nan Stone）合著的《何謂管理》（紐約：Free Press，二〇〇二年），第六十二頁。瑪格麗塔這本書對戴爾電腦和威名百貨的策略發展提供很好的概述，筆者援引用於這兩家公司的相關討論上。

⑧ 筆者是在二〇〇〇年一篇談論網際網路的文章中，首次導入槓桿優勢的概念。參見《產業標準》二〇〇〇年八月七日號，一百六十二頁，〈爲所不爲〉（Be What You Aren't）。

⑨ 由於當今音樂產業的變遷，蘋果電腦是否仍能維持其線上零售的早期領先地位還有待觀察。他的獲利要嘛可能繼續下去，否則就該被當作另一種槓桿優勢。但無論如何，透過 ipod 以及其它硬體的持續銷售，蘋果所推出的線上音樂商店遲早將血本有歸。

⑩ Don Tapscott, "Rethinking Strategy in a Networked World," *Strategy and Business*, Issue 24, Third

Quarter 2001, 39.

⑪ Larry Downes and Chunka Mui, *Unleashing the Killer App: Digital Strategies for Market Dominance* (Boston: Harvard Business School Press, 1998), 42.

⑫ R.H. Coase, "The Nature of the Firm," *Economica*, November 1937,392-393.

⑬ Coase originally called these costs "marketing costs," but "transaction costs" has become the common term.

⑭ Hal R. Varian, "If There Was a New Economy, Why Wasn't There a New Economics?" *New York Times*, 17 January 2002.

⑮ Coase, "The Nature of the Firm," 397 (footnote 3).

⑯ Ibid., 397. For another view of the different ways that changes in communication costs may influence business organizations, see Thomas W. Malone, *The Future of Work: How the New Order of Business Will Shape Your Organization, Your Management Style, and Your Life* (Boston: Harvard Business School Press, 2004).

⑰ Andrew McAfee, "New Technologies, Old Organizational Forms? Reassessing the Impact of IT on Markets and Hierarchies," Harvard Business School Working Paper 03-078, April 2003.

⑱ Varian, "If There Was a New Economy, Why Wasn't There a New Economics?"

⑲ Richard Veryard, *The Component-Based Business: Plug and Play* (London: Springer, 2000), 2.

⑳ 一九九九和二〇〇〇年喧騰一時的「電子B2B市場」，背後就是這個觀點使然。當時，在倡言「電

子商務」人士中有個見解，認爲供應商關係可以簡化爲透過網際網路自動交換資料，但後來發現這種關係比科技人士所認爲的要更爲複雜，也更爲人性。今天，有些提倡網路服務和業務流程管理（BPM）的人士，仍然和以前 B2B 風潮的論調相互呼應。

㉑ See Diana Farrell, Terra Terwilliger, and Alien P. Webb, "Getting IT Spending Right this Time," *McKinsey Quarterly*, no. 2 (2003): 〈http://www.mckinseyquarterly.com/article_page.asp?ar = 1285&L2 = 13&L3 = 13〉 (accessed 14 July 2003).

6 管理錢坑：IT投資管理新準則

① See Bernard L. Weinstein and Terry L. Clower, "The Impacts of the Union Pacific Service Disruptions on the Texas and National Economies: An Unfinished Story," report prepared for the Railroad Commission of Texas by the University of North Texas Center for Economic Development and Research, 9 February 1998.

② Robert Ristelhueber and Jennifer Baljko Shah, "Energy Crisis Threatens Silicon Valley's Growth," *EBN*, 19 January 2001, 〈http://www.ebnonline.com/story/OEG20010119S0033〉 (accessed 11 August 2003).

③ See, for example, John Baschab and Jon Piot, *The Executive's Guide to Information Technology* (Hoboken, NJ: JohnWiley, 2003), 9-11.

④ Standish Group, "The Chaos Report (1994)," Report of the Standish Group, 1994.

⑤ Standish Group, "Chaos: A Recipe for Success," Report of the Standish Group, 1999.

⑥ KPMG, "Project Risk Management: Information Risk Management" (London: KPMG U.K., June 1999).

⑦ Richard Waters, "Corporate Computing Tries to Find a New Path," *Financial Times*, 4 June 2003.

⑧ James L. McKenney, with Duncan C. Copeland and Richard O. Mason, *Waves of Change: Business Evolution Through Information Technology* (Boston: Harvard Business School Press, 1995), 23.

⑨ Richard Waters, "Corporate Computing Tries to Find a New Path."

⑩ Ibid.

⑪ Carol Hildebrand, "Why Squirrels Manage Storage Better than You Do," Darwin, April 2003, 〈http://www.darwinmag.com/read/040102/squirrels.html〉 (accessed 10 January 2003).

⑫ Barbara DePompa Reimers, "Five Cost-Cutting Strategies for Data Storage," *Computerworld*, 21 October 2002, 〈http://www. computerworld.com/hardwaretopics/storage/story/0,10801,75221,00.html〉 (accessed 5 February 2003).

⑬ See Christopher Koch, "Your Open Source Plan," *CIO*, 15 March 2003, 58.

⑭ Richard Waters, "In Search of More for Less," *Financial Times*, 29 April 2003.

⑮ Robin Gareiss, "Chief of the Year: Ralph Szygenda," *Information Week*, 2 December 2002, 〈http://www.informationweek.com/story/IWK20021127S0011〉 (accessed 23 July 2003).

⑯ William M. Bulkeley, "CIOs Boost Their Profile as They Become Cost Cutters," *Wall Street Journal*, 11

March 2003.

⑰ Koch, "Your Open Source Plan," 58-59.

⑱ Matt Berger, "LinuxWorld: Amazon.com Clicks with Linux," *Computerworld*, 14 August 2002, 〈http://www.computerworld.com/managementtopics/roi/story/0,10801,73617,00.html〉 (accessed 22 July 2003).

⑲ Fiona Harvey, "Michael Dell of Dell Computer," *Financial Times*, 5 August 2003.

⑳ John Chambers, "The 2nd Industrial Revolution: Why the Internet Changes Everything," keynote address at Oracle AppsWorld 2001, New Orleans, 20-23 February 2001, 〈http://www.it-global-forum.org/panamit/dscgi/ds.py/Get/File-1056/Page_45-58_Oracle_ Bus_Report.pdf〉 (accessed 15 July 2003).

㉑ Grady Means, "Economics' New Dimensions: Why They're Extreme, Dramatic and Radical," keynote address at Oracle AppsWorld 2001, New Orleans, 20-23 February 2001, 〈http://www.it-global forum.org/panamit/dscgi/ds.py/Get/File-1056/Page_45-58_Oracle_ Bus_Report.pdf〉 (accessed 15 July 2003).

㉒ See Charles Haddad, "UPS vs. FedEx: Ground Wars," *BusinessWeek*, 21 May 2001, 64.

㉓ 參見 Alinean 顧問公司〈表現最佳與最差公司的開支取向〉(Spending Trends of Best and Worst Performing Companies)。此外，Alinean 還針對一千五百家歐洲公司做過類似的分析，同樣發現表現最佳的公司在ＩＴ開支與總收入比率上（二・一%），比一般公司平均開支（七・三%）少了許多。參見 Alinean 二〇〇三年三月四日發布的新聞稿〈北美公司在ＩＴ開支效率上令歐洲同儕相顧失色〉(North American Companies Outshine European Peers in IT Spending Efficiency)。值得一提的是，這類研究所提出的評價只是平均值，不應視爲衡量基準。不同的公司，依其產業形態、競

爭狀況、過去的開支情形等，開支條件自然也不一樣。

㉔ Tom Pohlmann with Christopher Mines and Meredith Child, *Linking IT Spend to Business Results*, Forrester Research report, October 2002.

㉕ McKinsey Global Institute, "Whatever Happened to the New Economy?" report of the McKinsey Global Institute, November 2002.

㉖ Rod Newing and Paul Strassman, "Watch the Economics and the Risk, Not the Technology," *Financial Times*, 5 December 2001.

㉗ Tim Phillips, "The Bulletin Interview: Larry Ellison," *The Computer Bulletin*, July 2002, 〈http://www.bcs.org.uk/publicat/ebull/july02/intervie.htm〉 (accessed 7 January 2003).

㉘ Jonathan Collins, "The Cost of Wal-Mart's RFID Edict," *RFID Journal*, 10 September 2003, 〈http://www.rfidjournal.com/article/view/572/1/1/〉 (accessed 1 October 2003).

㉙ Carol Sliwa, "Wal-Mart Suppliers Shoulder Burden of Daunting RFID Effort," *Computerworld*, 10 November 2003, 〈http://www. computerworld.com/news/2003/story/0,11280,86978,00.html〉 (accessed 25 November 2003).

㉚ 麥肯錫環球研究所的研究顯示，專門針對特定產業部門的ＩＴ應用，所獲生產力成長往往最大，各種產業均能採用的技術，如ＥＲＰ系統，對表現的影響就大爲遜色。參見〈不管新經濟下場？〉（Whatever Happened to the New Economy?）第二十九頁。

㉛ See Robert D. Austin and Christopher A. R. Darby, "The Myth of Secure Computing," *Harvard Busi-*

ness Review, June 2003, 120-121.

㉜ Max D. Hopper, "Rattling SABRE—New Ways to Compete on Information," *Harvard Business Review*, May-June 1990, 125.

7 寄望神妙的機器：科技演變的判讀與誤判

① Caminer et al., *LEO: The Incredible Story of the World's First Business Computer* (New York: McGraw-Hill, 1998), 228.

② Ibid., 363.

③ David E. Nye, *Electrifying America: Social Meanings of a New Technology* (Cambridge: MIT Press, 1990), 386.

④ Larry Downes and Chunka Mui, *Unleashing the Killer App: Digital Strategies for Market Dominance* (Boston: Harvard Business School Press, 1998), 31.

⑤ David Ticoll, "In Writing Off IT, You Write Off Innovation," *Toronto Globe and Mail*, 29 May 2003.

⑥ Robert D. Hof, "The Quest for the Next Big Thing," *BusinessWeek*, 18-25 August 2003, 92.

⑦ 霍華・史密斯（Howard Smith）和彼得・芬格（Peter Fingar）這兩位最熱心提倡業務流程管理（BPM）的人士，在二〇〇三年一篇題爲〈二十一世紀商業架構〉（21st Century Business Architecture）的論文裏解釋其概念：「藉由以數學形式化的方式呈現業務流程，則企業內某一部分或合作夥伴

所開發的流程，可以即時聯接、綜合與分析，提供『即時企業』口號背後眞正的即時企業基礎……當業務流程工程師按下『執行鍵』，系統裏的電腦輔助部署功能即可對企業中不同的舊式系統和價值鏈，徹底實施關鍵任務型流程的轉換。」(http://www.bpmi.org./bpmi-library/D7B509F211.BPM21CArch.pdf)，讀取時間二〇〇三年九月二十九日。

⑧ 這些問題戈登在二〇〇〇年的文章裏所提出的問題相互呼應：「電腦所衍生的資訊革命，是否會像十九世紀末和二十世紀初的重大發明，形成生活條件的大變革？從直覺的層面來看似乎不可能。譬如說，我們可以召集一批休士頓居民，問他們『下列兩項發明，空調和網際網路，如果只能選一項，你會選什麼？』或者，我們也可以問一批明尼亞波利斯市的居民，問他們『下列兩項發明，室內配管和網際網路，如果只能選一項，你會選什麼？』參見戈登所撰〈新經濟是否達到過去大發明的標準？〉(Deos the New Economy Measure Up to the Great Inventions of the Past)，刊於《經濟展望期刊》(*Journal of Economic Perspectives*) 二〇〇〇年秋季號，第六〇頁。

⑨ Robert M. Solow, "We'd Better Watch Out," *New York Times Book Review*, 12 July 1987, 36.

⑩ Stephen D. Oliner and Daniel E. Sichel, "The Resurgence of Growth in the Late 1990s: Is Information Technology the Story?" Federal Reserve Board white paper, February 2000, 27. (Later published in *Journal of Economic Perspectives* 14, Fall 2000, 3-22.)

⑪ Alan Greenspan, "The Revolution in Information Technology," remarks before the Boston College Conference on the New Economy, 6 March 2000, 〈http://www.federalreserve.gov/BOARDDOCS/SPEECHES/2000/20000306.htm〉 (accessed 5 August 2003).

⑫ See, for example, Robert J. Gordon, "Five Puzzles in the Behavior of Productivity, Investment, and Innovation," draft of chapter for World Economic Forum, Global Competitiveness Report, 2003-2004, 10 September 2003, 〈http://faculty-web.at.northwestern.edu/economics/gordon/WEFTEXT.pdf〉 (accessed 13 October 2003).

⑬ McKinsey Global Institute, "Whatever Happened to the New Economy?" (San Francisco: McKinsey & Company, November 2002), 4.

⑭ William W Lewis et al., "What's Right with the U.S. Economy," *McKinsey Quarterly*, no. 1 (2002): 〈http://www.mckinseyquarterly.com/article_page.asp?L2 = 19&L3 = 67&ar = 1151 &pagenum = 1〉 (accessed 23 August 2003).

⑮ Erik Brynjolfsson and Lorin Hitt, "Computing Productivity: Firm-Level Evidence," MIT Sloan Working Paper 4210-01, June 2003, 2.

⑯ Eric Hobsbawm, *The Age of Empire*, 1875-1914 (New York: Vintage, 1989), 37.

⑰ David S. Landes, *The Unbound Prometheus* (London: Cambridge University Press, 1969), 240-241.

參考書目

Alinean. "North American Companies Outshine European Peers in IT Spending Efficiency." Alinean press release, 4 March 2003.

"American Hospital Supply Corporation: The ASAP System (A)." Harvard Business School Case # 9-186-005, 1988.

Austin, Robert D., and Christopher A. R. Darby. "The Myth of Secure Computing." *Harvard Business Review*, June 2003, 120-126.

Bain, David Haward. *Empire Express: Building the First Transcontinental Railroad*. New York: Viking, 1999.

Bartholomew, Doug. "Yes, Nicholas, IT Does Matter." *Industry Week*, 1 September 2003. 〈http://www.industryweek.com/Columns/Asp/columns.asp?ColumnId = 955〉 (accessed 5 October 2003).

Baschab, John, and Jon Piot. *The Executive's Guide to Information Technology*. Hoboken, NJ: John Wiley, 2003.

Berger, Matt. "LinuxWorld: Amazon.com Clicks with Linux." *Computerworld*, 14 August 2002. 〈http://

www.computerworld.com/managementtopics/roi/story/010801,73617,00.html〉 (accessed 22 July 2003).

"Blackstone Technology Group-Expertise." 〈http://www.bstone tech.com/Expertise_4.asp〉 (accessed 8 July 2003).

Boston, Brad. "Cisco Systems' CIO Brad Boston Responds to Nicholas G. Carr's Article 'IT Doesn't Matter.'" 25 June 2003. 〈http://newsroom.cisco.com/dlls/hd_062503.html〉 (accessed 26 June 2003).

Brenner, Joel Glenn. *The Emperors of Chocolate: Inside the Secret World of Hershey and Mars*. New York: Random House, 1999.

Brooks, John. *Telephone: The First Hundred Years*. New York: Harper & Row, 1976.

Brown, John Seely, and John Hagel III. "Flexible IT, Better Strategy." *McKinsey Quarterly* no. 4 (2003): 〈http://www.mckinseyquarterly.com/article_page.asp?ar = 1346&L2 = 13&L3 = 12&srid = 14&gp = 1〉 (accessed 10 October 2003).

———. Letter to the editor. *Harvard Business Review*, July 2003, 111.

Brynjolfsson, Erik. "The IT Productivity Gap." *Optimize*, July 2003. 〈http://www.optimizemag.com/printer/021/pr_roi.html〉 (accessed 8 September 2003).

Brynjolfsson, Erik, and Lorin M. Hitt. "Beyond Computation: Information Technology, Organizational Transformation and Business Performance." *Journal of Economic Perspectives* 14. no. 4 (2000):23-48.

———. "Computing Productivity: Firm-Level Evidence." MIT Sloan Working Paper 4210-01, June 2003.

———. "Paradox Lost? Firm-Level Evidence on the Returns to Information Systems Spending." *Manage-*

ment Science 42, no. 4 (April 1996): 541-558.

Bulkeley, William M. "ClOs Boost Their Profile as They Become Cost Cutters." *Wall Street Journal*, 11 March 2003.

Caminer, David, John Aris, Peter Hermon, and Frank Land. *LEO: The Incredible Story of the World's First Business Computer*. New York, McGraw-Hill, 1998.

Campbell-Kelly, Martin. *From Airline Reservations to Sonic the Hedgehog: A History of the Software Industry*. Cambridge: MIT Press, 2003.

Campbell-Kelly, Martin, and William Aspray. *Computer: A History of the Information Machine*. New York: BasicBooks, 1996.

Carr, Nicholas G. "Be What You Aren't." *Industry Standard*, 7 August

———. "The Growing Specter of Deflation." *Boston Globe*, 8 June 2003.

———. "IT Doesn't Matter." *Harvard Business Review*, May 2003, 41-49.

Cassidy, John. Dot.con: *The Greatest Story Ever Sold*. New York: HarperCollins, 2002.

Ceruzzi, Paul E. *A History of Modern Computing*. 2d ed. Cambridge: MIT Press, 2003.

Chambers, John. "The 2nd Industrial Revolution: Why the Internet Changes Everything." Keynote address at Oracle AppsWorld 2001, New Orleans, 20-23 February 2001. 〈http://www.it-globalforum.org/panamit/dscgi/ds.py/Get/File-1056/Page_45-58_Oracle_ Bus_Report.pdf〉 (accessed 15 July 2003).

Chancellor, Edward. *Devil Take the Hindmost: A History of Financial Speculation*. New York: Farrar,

Straus and Giroux, 1999.

Chandler, Alfred D. Jr. *Scale and Scope: The Dynamics of Industrial Capitalism*. Cambridge: Harvard University Press, 1990.

———. *The Visible Hand*. Cambridge: Harvard University Press, 1977.

Christensen, Clayton M. *The Innovator's Dilemma: When New Technologies Cause Great Firms to Fail*. Boston: Harvard Business School Press, 1997.

Coase, R.H. "The Nature of the Firm." *Economica*, November 1937, 386-405.

Collins, Jonathan "The Cost of Wal-Mart's RFID Edict." RFID Journal, 10 September 2003. 〈http://www.rfidjournal.com/article/view/572/1/1/〉 (accessed 1 October 2003).

"The Compass World IT Strategy Census 1998-2000." Rotterdam, The Netherlands: Compass Publishing BV, 1998.

Comper, Tony. "Back to the Future: A CEO's Perspective on the IT Post-Revolution." Speech at the IBM Global Financial Services Forum, San Francisco, 8 September 2003. 〈http://www2.bmo.com/speech/article/0,1259,contentCode-3294_divId-4_langId-1_ navCode-124,00.html〉 (accessed 23 September 2003).

"Competition of Locomotive Carriages on the Liverpool and Manchester Railway." Mechanics Magazine, 17 October 1829. As transcribed at Resco Railways Web site. 〈http://www.resco.co.uk/rainhill/rain2.html〉 (accessed 8 February 2003).

Cotteleer, Mark. "An Empirical Study of Operational Performance Convergence Following Enterprise IT

Implementation." Harvard Business School Working Paper 03-011, October 2002.

Davenport, Thomas H. *Mission Critical: Realizing the Promise of Enterprise Systems*. Boston: Harvard Business School Press, 2000.

———. "Putting the Enterprise into the Enterprise System." *Harvard Business Review*, July-August 1998, 121-131.

Delong, J. Bradford. "Macroeconomic Implications of the 'New Economy.'" May 2000. 〈http://www.j-bradford-delong.net/OpEd/virtual/ne_macro.html〉 (accessed 13 January 2003).

Downes, Larry, and Chunka Mui. *Unleashing the Killer App: Digital Strategies for Market Dominance*. Boston: Harvard Business School Press, 1998.

DuBoff, Richard B. *Electric Power in American Manufacturing*, 1889-1958. New York: Arno Press, 1979.

Farrell, Diana, Terra Terwilliger, and Allen P. Webb. "Getting IT Spending Right this Time." *McKinsey Quarterly* no. 2 (2003). 〈http://www.mckinseyquarterly.com/article_page.asp?ar = 1285&L2 = 13&L3 = 13〉 (accessed 14 July 2003).

Foley, John. "Oracle Targets ERP Integration." *Information Week*, 30 March 1998. 〈http://www.informationweek.com/675/75iuora.htm〉 (accessed 8 July 2003).

Friedlander, Amy. *Emerging Infrastructure: The Growth of Railroads*. Reston: CNRI, 1995.

———. *Power and Light: Electricity in the U.S. Energy Infrastructure, 1870-1040*. Reston, VA: CNRI, 1996.

Gareiss, Robin. "Chief of the Year: Ralph Szygenda." *Information Week*, 2 December 2002. 〈http://www.informationweek.com/story/IWK20021127S0011〉 (accessed 23 July 2003).

Gartner Dataquest. "Update: IT Spending." June 2003 〈http://www.dataquest.com/press_gartner/quickstats/ITSpending.html〉 (accessed 13 August 2003).

Gates, Bill. *The Road Ahead*. 2nd ed. New York: Penguin, 1996.

Gill, Philip J. "ERP: Keep It Simple." *Information Week*, 9 August 1999. 〈http://www.informationweek.com/747/47aderp.htm〉 (accessed 12 July 2003).

Glick, Bryan. "IT Suppliers Racing to Be an Indispensable Utility." *Computing*, 16 April 2003. 〈http://www.computingnet.co.uk/Computingopinion/1140261〉 (accessed 18 June 2003).

Goff, Leslie. "Sabre Takes Off." *Computerworld*, 22 March 1999. 〈http://www.computerworld.com/news/1999/story/0,11280,34992,00.html〉 (accessed 27 June 2003).

Gordon, Robert J. "Does the New Economy Measure Up to the Great Inventions of the Past?" *Journal of Economic Perspectives* 4, no. 14 (Fall 2000): 49-74.

———. "Five Puzzles in the Behavior of Productivity, Investment, and Innovation." Draft of chapter for World Economic Forum, Global Competitiveness Report, 2003-2004, 10 September 2003. 〈http://faculty-web.at.northwestern.edu/economics/gordon/WEFTEXT.pdf〉 (accessed 13 October 2003).

———. "Hi-Tech Innovation and Productivity Growth: Does Supply Create Its Own Demand?" NBER working paper, 19 December 2002.

Greenspan, Alan. "The Revolution in Information Technology." Remarks before the Boston College Conference on the New Economy, 6 March 2000. 〈http://www.federalreserve.gov/BOARDDOCS/SPEECHES/2000/20000306.htm〉 (accessed 5 August 2003).

Haddad, Charles. "UPS vs. FedEx: Ground Wars." *BusinessWeek*, 21 May 2001, 64.

Hafher, Katie, and Matthew Lyon. *Where Wizards Stay Up Late: The Origins of the Internet*. New York: Simon & Schuster, 1996.

Hagel, John. *Out of the Box: Strategies for Achieving Profits Today and Growth Tomorrow Through Web Services*. Boston: Harvard Business School Press, 2002.

Hardy, Quentin. "We Did It." *Forbes*, 11 August 2003, 76.

Harvey, Fiona. "Michael Dell of Dell Computer." *Financial Times*, 5 August 2003.

Hayes, Brian. "The First Fifty Years." CIO Insight, 1 November 2001. 〈http://www.cioinsight.com/article2/0,3959,49331,00.asp〉 (accessed 12 June 2003).

Hildebrand, Carol. "Why Squirrels Manage Storage Better than You Do." Darwin, April 2003. 〈http://www.darwinmag.com/read/040102/squirrels.html〉 (accessed 10 January 2003).

Hitt, Lorin M., and Erik Brynjolfsson. "Producdvity, Business Profitability, and Consumer Surplus: Three Different Measures of Information Technology Value." *MIS Quarterly* 20, no. 2 (June 1996):121-142.

Hobsbawm, Eric. *The Age of Capital, 1848-1875*. New York: Vintage, 1996.

———. *The Age of Empire, 1875-1914*. New York: Vintage, 1989.

Hof, Robert D. "The Quest for the Next Big Thing." *BusinessWeek*, 18-25 August 2003, 92.

Hopper, Max D. "Rattling SABRE—New Ways to Compete on Information." *Harvard Business Review*, May-June 1990, 118-125.

Jones, Kathryn. "The Dell Way." *Business 2.0*, February 2003, 6o.

Kaye, Doug. *Loosely Coupled: The Missing Pieces of Web Services*. Marin County, California: RDS Press, 2003.

Kharif, Olga. "The Fiber-Optic 'Glut'—in a New Light." *Business-Week Online*, 31 August 2001. 〈http://www.businessweek.com/bwdaily/dnflash/aug2001/nf20010831_396.htm〉 (accessed 18 December 2002).

Koch, Christopher. "The Battle for Web Services." *CIO*, 1 October 2003. 〈http://www.cio.com/archive/100103/standards.html〉 (accessed 25 November 2003).

———. "Your Open Source Plan." *CIO*, 15 March 2003, 58.

KPMG. "Project Risk Management: Information Risk Management." London: KPMG U.K., June 1999.

Landes, David S. *The Unbound Prometheus*. London: Cambridge University Press, 1969.

Landler, Mark. "Titans Still Gather at Davos, Shorn of Profits and Bavado." *NewYork Times*, 27 January 2003.

Lewis, William W, Vincent Palmade, Baudouin Regout, and Allen P. Webb, "What's Right with the U.S. Economy." *McKinsey Quarterly*, no. 1, 2002. 〈http://www.mckinseyquarterly.com/article_page.asp?L2 = 19&L3 = 67&ar = 1151&pagenum = 1〉 (accessed 23 August 2003).

Lohr, Steve. *Go To*. New York: Basic Books, 2001.

Lynch, Kevin. "Network Software: Finding the Perfect Fit." *Inbound Logistics*, November 2002. 〈http://www.inboundlogistics.com/ articles/itmatters/itmatters1102.shtml〉 (accessed 8 July 2003).

Madan, Rajen, Carsten Sørenson, and Susan V. Scott. '"Strategy Sort of Died Around April of Last Year for a Lot of Us': CIO Perceptions on ICT Value and Strategy in the U.K. Financial Sector." Paper presented at the 11th European Conference on Information Systems, Naples, Italy, 19-21 June 2003.

Magretta, Joan, with Nan Stone. *What Management Is: How It Works and Why It's Everyone's Business*. New York: Free Press, 2002.

Malone, Thomas W *The Future of Work: How the New Order of Business Will Shape Your Organization, Your Management Style and Your Life*. Boston: Harvard Business School Press, 2004.

Mangalindan, Mylene. "Oracle's Larry Ellison Expects Greater Innovation from Sector." *Wall Street Journal*, 8 April 2003.

Markoff, John, and Steve Lohr. "Intel's Huge Bet Turns Iffy." *New York Times*, 29 September 2002.

Marshall, Charles, Benn Konsynski, and John Sviokla. "Baxter International: OnCall as Soon as Possible?" Harvard Business School Case # 9-195-103, 1994 (revised 29 March 1996).

McAfee, Andrew. "New Technologies, Old Organizational Forms? Reassessing the Impact of IT on Markets and Hierarchies." Harvard Business School Working Paper 03-078, April 2003.

McKenney, James L., with Duncan C. Copeland and Richard O. Mason. *Waves of Change: Business Evolu-*

tion Through Information Technology. Boston: Harvard Business School Press, 1995.

McKinsey Global Institute, "Whatever Happened to the New Economy?" Report of the McKinsey Global Institute, November 2002.

McNealy, Scott. Keynote speech at SunNetwork 2003 conference, San Francisco, 16 September 2003. 〈www.sun.com/aboutsun/media/presskits/networkcomputing03q3/mcnealykeynote.pdf〉 (accessed 1 October 2003).

Means, Grady. "Economics' New Dimensions: Why They're Extreme, Dramatic and Radical." Keynote address at Oracle AppsWorld 2001, New Orleans, 20-23 February 2001. 〈http://www.it-global forum, org/panamit/dscgi/ds.py/Get/File-1056/Page_45-58_Oracle_Bus_Report.pdf〉 (accessed 15 July 2003).

Micklethwait, John, and Adrian Wooldridge. *The Company: A Short History of a Revolutionary Idea*. New York: Modern Library, 2003.

Microsoft. "What .NET Means for IT Professionals." 24 July 2002. 〈http://www.microsoft.com/net/business/it_pros.asp〉 (accessed 28 June 2003).

"Modifying Moore's Law." *The Economist*, Survey: The IT Industry, 10 May 2003, 5.

Moran, Nuala. "Looking for Savings on Distant Horizons." *Financial Times*, 2 July 2003.

"Moving Up the Stack." *The Economist*, Survey: The IT Industry, 10 May 2003, 6.

Negroponte, Nicholas. *Being Digital*. New York: Knopf, 1995.

Netcraft. "July 2003 Web Server Survey." 〈http://news.netcraft.com/archives/2003/07/02/july_2003_web_

server_survey.html〉 (accessed 7 July 2003).

Newing, Rod, and Paul Strassman. “Watch the Economics and the Risk, Not the Technology.” *Financial Times*, 5 December 2001.

Nonnenmacher, Tomas. “History of the U.S. Telegraph Industry.” *EH.Net Encyclopedia of Economic and Business History*. 15 August 2001. 〈http://www.eh.net/encyclopedia/nonnenmacher.industry.telegraphic.us.php〉 (accessed 20 June 2003).

Nye, David E. *Electrifying America: Social Meanings of a New Technology*. Cambridge: MIT Press, 1990.

O’Farrell, Peter. “Carr Goes Off the Rail.” Cutter Consortium Executive Update 4, no. 7, 2003. 〈http://www.cutter.com/freestuff/bttu0307.html # ofarrell〉 accessed 4 October 2003).

Okin, Harvey, and Daniel Pfau. “Connecting Information Technology to the Business.” *Accenture Outlook*, 2000.

Oliner, Stephen D., and Daniel E. Sichel. “The Resurgence of Growth in the Late 1990s: Is Information Technology the Story?” Federal Reserve Board white paper, February 2000. (Later published in *Journal of Economic Perspectives* 14, Fall 2000, 3-22.)

Park, Andrew, and Peter Burrows. “Dell, the Conqueror.” *Business Week*, 24 September 2001, 92.

Petzinger, Thomas Jr. *Hard Landing: The Epic Contest for Power and Profits That Plunged the Airlines into Chaos*. New York: Times Books, 1995.

Phillips, Tim. “The Bulletin Interview: Larry Ellison.” *The Computer Bulletin*, July 2002. 〈http://www.

bcs.org.uk/publicat/ebull/july02/intervie.htm〉 (accessed 7 January 2003).

Pilat, Dirk, and Andrew Wyckoff, "The Impacts of ICT on Economic Performance—An International Comparison at Three Levels of Analysis." Paper presented at the U.S. Department of Commerce conference. Transforming Enterprise, January 2003.

Pohlmann, Tom, with Christopher Mines and Meredith Child. *Linking IT Spend to Business Results*. Forrester Research report, October 2002.

Porter, Michael E. *Competitive Advantage: Creating and Sustaining Superior Performance*. New York: Free Press, 1985.

———. "Strategy and the Internet." *Harvard Business Review*, March 2001, 62-78.

Prasad, Baba, and Patrick T. Harker. "Examining the Contribution of Information Technology Toward Productivity and Profitability in U.S. Retail Banking." Wharton Financial Institutions Center Working Paper 97-09, March 1997, 18.

Progressive Policy Institute. "Computer Costs Are Plummeting." *The New Economy Index*, November 1998. 〈http://wwwneweconomy index.org/section1_page12.html〉 (accessed 12 January 2003).

Read, Donald, *The Power of News: The History of Reuters, 1849-1989*. Oxford: Oxford University Press, 1992.

Reimers, Barbara DePompa. "Five Cost-Cutting Strategies for Data Storage." *Computerworld*, 21 October 2002. 〈http://www.computer world.com/hardwaretopics/storage/story/0,10801,75221,00.html〉 (accessed 5 February 2003).

Ricadela, Aaron. “Amazon Says It’s Spending Less on IT.” *Information Week*, 31 October 2001. 〈http://www.informationweek.com/story/IWK20011031S0005〉 (accessed 7 July 2003).

Ristelhueber, Robert, and Jennifer Baljko Shah. “Energy Crisis Threatens Silicon Valley’s Growth.” EBN, 19 January 2001. 〈http://www.ebnonline.com/story/OEG20010119S033〉 (accessed 11 August 2003).

Roth, Daniel. “Can EMC Restore Its Glory?” Fortune, 8 July 2002,107.

Schrage, Michael. “Wal-Mart Trumps Moore’s Law.” *Technology Review*, March 2002, 21.

Schurr, Sam H., Calvin C. Burwell, Warren D. Devine Jr., and Sidney Sonenblum. *Electricity in the American Economy: Agent of Technological Progress*. Westport, CT: Greenwood Press, 1990.

Shapiro, Carl, and Hal R. Varian. *Information Rules: A Strategic Guide to the Network Economy*. Boston: Harvard Business School Press,1999.

Sliwa, Carol. “Wal-Mart Suppliers Shoulder Burden of Daunting RFID Effort.” *Computerworld*, 10 November 2003. 〈http://www.computerworld.com/news/2003/story/0,11280,86978,00.html〉 (accessed 25 November 2003).

Slywotzky, Adrian, and Richard Wise. “An Unfinished Revolution.” *MIT Sloan Management Review* 44, no. 3 (Spring 2003), 94.

Smith, Howard, and Peter Fingar. “21st Century Business Architecture.” 2003. 〈http://www.bpmi.org/bpmi-library/D7B509F211.BPM21CArch.pdf〉 (accessed 29 September 2003).

Solow, Robert M. "We'd Better Watch Out." *New York Times Book Review*, 12 July 1987, 36.

Standage, Tom. *The Victorian Internet*. New York: Walker & Company, 1998.

Standish Group. "Chaos: A Recipe for Success." Report of the Standish Group, 1999.

———. "The Chaos Report (1994)." Report of the Standish Group, 1994.

Tapscott, Don. "Rethinking Strategy in a Networked World." *Strategy and Business*, no. 24, Third Quarter 2001, 39.

Tapscott, Don, David Ticoll, and Alex Lowy. *Digital Capital: Harnessing the Power of Business Webs*. Boston: Harvard Business School Press, 2000.

Taylor, Paul. "GE: Trailblazing the Indian Phenomenon." *Financial Times*, 2 July 2003.

Thurm, Scott, and Nick Wingfield. "How Titans Swallowed Wi-Fi, Stifling Silicon Valley Uprising." *Wall Street Journal*, 8 August 2003.

Ticoll, David. "In Writing Off IT, You Write Off Innovation." *Toronto Globe and Mail*, 29 May 2003.

U.S. Department of Commerce. *The Emerging Digital Economy*. April 1998.

Varian, Hal R. "If There Was a New Economy, Why Wasn't There a New Economics?" *NewYork Times*, 17 January 2002.

Veryard, Richard. *The Component-Based Business: Plug and Play*. London: Springer, 2000.

Walker, Rob. "Interview with Marcian (Ted) Hoff." *Silicon Genesis: Oral Histories of Semiconductor Industry Pioneers*. 3 March 1995. 〈http://www.stanford.edu/group/mmdd/SiliconValley/Silicon

Genesis/TedHoff/Hoff.html〉 (accessed 16 June 2003).

Waters, Richard. "Corporate Computing Tries to Find a New Path." *Financial Times*, 4 June 2003.

———. "In Search of More for Less," *Financial Times*, 29 April 2003.

Weinstein, Bernard L., and Terry L. Clower. "The Impacts of the Union Pacific Service Disruptions on the Texas and National Economies: An Unfinished Story." Report prepared for the Railroad Commission of Texas by the University of North Texas Center for Economic Development and Research, 9 February 1998.

Welch, Jack, with John A. Byrne. *Jack: Straight from the Gut*. New York: Warner Books, 2001.

Zakon, Robert H'obbes'. "Hobbes' Internet Timeline v. 6.1." 2003. 〈http://www.zakon.org/robert/internet/timeline〉 (accessed 23 January 2003).

Zygmont, Jeffrey. *Microchip: An Idea, Its Genesis, and the Revolution It Created*. Cambridge, MA: Perseus, 2003.

大論戰：對〈IT沒有明天〉的回應

我的文章〈IT沒有明天〉刊於二〇〇三年五月號的《哈佛商業評論》，引發了各方不同的回響。以下就是其中某些最值得注意且足以代表該主題的各個不同面向。不過以下選錄僅限於以英文書寫或講演的文章。完整的編目可上網查看：www.nicholasgcarr.com/articles/matter.html.

Andrews, Paul. “IT Does Matter; Fixing It Might Just Convince Us.” *Seattle Times*, 23 June 2003.

Boston, Brad. “Cisco Systems’ CIO Brad Boston Responds to Nicholas G. Carr’s Article ‘IT Doesn’t Matter.’” 25 June 2003. 〈http://newsroom.cisco.com/dlls/hd_062503.html〉 (accessed 26 June 2003).

Branscombe, Mary. “Fair Exchange.” *The Guardian* (London), 12 June 2003.

Champy, James. “Technology Doesn’t Matter—But Only at Harvard.” *Fast Company*, December 2003, 119.

Colony, George E “Low Icebergs.” *Forrester.com*, 17 June 2003. 〈http://www.forrester.com/ER/Research/Brief/0,1317,16990,00.html〉 (accessed 20 October 2003).

Comper, Tony. “Back to the Future: A CEO’s Perspective on the IT Post-Revolution.” Speech at the IBM Global Financial Services Forum, San Francisco, 8 September 2003. 〈http://www2.bmo.com/speech/article/0,1259,contentCode-3294_divId-4_langId-1_ navCode-124,00.html〉 (accessed 23 September 2003).

“Does IT Matter? An HBR Debate,” *Harvard Business Review*, June 2003, 〈harvardbusinessonline.hbsp.harvard.edu/bo1/en/files/topic/Web_Letters.pdf’〉 (accessed 3 July 2003). This electronic document collects letters written to the editor of the Harvard Business Review by John Seely Brown and John Hagel III, F. Warren McFarlan and Richard L. Nolan, Paul A. Strassman, Vladimir Zwass, and Vijay Gurbaxani, among others, and includes an introduction by Thomas A. Stewart and a response from me.

Evans, Bob. “IT Doesn’t Matter?” *Information Week*, 12 May 2003. 〈http://www.informationweek.com/

story/showArticle.jhtml? articleID = 9800088〉 (accessed 15 May 2003).

———. "IT Is a Must, No Matter How You View It." *Information Week*, 19 May 2003. 〈http://www.informationweek.com/story/showArticle.jhtml?articleID = 1000185〉 (accessed 28 May 2003).

Farber, Dan. "The End of IT as We Know It?" *ZDNet*, 28 May 2003. 〈http://techupdate.zdnet.com/techupdate/stories/main/0,14179,2913824,00.html〉 (accessed 5 June 2003).

———. "What Matters More Than IT." *ZDNet*, 30 September 2003. 〈http://techupdate.zdnet.com/techupdate/stories/main/0,14179,2914761,00.html〉 (accessed 8 October 2003).

Gates, Bill. Remarks at the Microsoft CEO Summit. Redmond, Washington, 21 May 2003. 〈http://www.microsoft.com/billgates/speeches/2003/05-21ceosummit2003.asp〉 (accessed 4 June 2003).

Hayes, Frank. "IT Delivers." *Computenvorld*, 19 May 2003. 〈http://www.computerworld.com/managementtopics/management/story/0,10801,81278,00.html〉 (accessed 1 June 2003).

Hof, Robert D. "Andy Grove: 'We Can't Even Glimpse the Potential.'" *Business Week*, 25 August 2003, 86.

———. "Nick Carr: The Tech Advantage Is Overrated." *Business Week*, 25 August 2003, 86

Keefe, Patricia. "IT Does Matter." Computerworld, 12 May 2003. 〈http://www.computerworld.com/managementtopics/management/story/0,10801,81094,00.html〉 (accessed 15 May 2003).

Kirkpatrick, David. "Does IT Matter? CEOs and CIOs Sound Off." *Fortune*, 3 June 2003. 〈http://www.fortune.com/fortune/fastforward/0,15704,456246,00.html〉 (accessed 5 June 2003).

———. "Stupid-Journal Alert." *Fortune*, 27 May 2003. 〈http://www.fortune.com/fortune/fastforward/

0,15704,454727,00.html〉 (accessed 5 June 2003).

Langberg, Mike. "IT's Future: Invisible or Invaluable?" *San Jose Mercury News*, 16 June 2003.

Lashinsky, Adam. "Tech Matters. So What?" *CNN Money*, 28 May 2003. 〈http://money.cnn.com/2003/05/27/commentary/ bottomline/lashinsky/〉 (accessed 5 June 2003).

Leibs, Scott. "An Exercise in Utility." *CFO.com*, 16 June 2003. 〈http://www.cfo.com/article/1,5309,9743%7C%7CM%7C606,00.html〉 (accessed 18 June 2003).

Levy, Steven. "Twilight of the PC Era?" *Newsweek*, 24 November 2003,54.

Lohr, Steve. "A New Technology, Now That New Is Old." NewYork Times, 4 May 2003.

———. "Has Technology Lost Its 'Special' Status?" *NewYork Times*, 16 May 2003.

Maney, Kevin. "How IBM, Dell Managed to Build Crushing Tech Dominance." *USA Today*, 20 May 2003.

Melymuka, Kathleen. "Get Over Yourself" (interview with Nicholas G. Carr). *Computerworld*, 12 May 2003. 〈http://www.computer world.com/managementtopics/roi/story/0,10801,81045,00.html〉 (accessed 15 May 2003).

———. "IT Does So Matter!" (interview with Rob Austin, Andrew McAfee, Paul Strassman, and Tom DeMarco). *Computerworld*, 7 July 2003. 〈http://www.computerworld.com/managementtopics/roi/story/0,10801,82738,00.html〉 (accessed 12 July 2003).

Mendham, Tim. "Fighdn' Words." *CIO Australia*, 8 October 2003. 〈http://www.cio.com.au/index.php?id = 1599085755&fp = 16&fpid = 0〉 (accessed 11 October 2003).

Morris, James A. "IT Still It—in Essential, Enabling Sort of Way." *Pittsburgh Post-Gazette*, 7 September 2003.

Schrage, Michael. "Why IT Really Does Matter." *CIO*, 1 August 2003. 〈http://www.cio.com/archive/080103/work.html〉 (accessed 3 August 2003).

Smith, Howard, and Peter Fingar. IT Doesn't Matter—Business Processes Do: A Critical Analysis of Nicholas Carr's I.T. Article in the *Harvard Business Review*. Tampa: Meghan-Kiffer, 2003.

Steinke, Steve. "IT? Does It Matter?" *NetworkMagazine.com*, 7 July 2003. 〈http://www.networkmagazine.com/shared/article/show Article.jhtml?articleId = 10818275&classroom =〉 (accessed 22 July 2003).

Taschek, John. "IT Does Matter." *Eweek*, 14 July 2003. 〈http://www.eweek.com/article2/0,3959,1192040,00.asp〉 (accessed 21 July 2003).

Vaas, Lisa. "IT Losing Steam?" *Eweek*, 2 June 2003. 〈http://www.eweek.com/article2/0,3959,1115053,00.asp〉 (accessed 10 June 2003).

Walker, Leslie. "Falling Off of the Cutting Edge." *Washington Post*, 29 May 2003.

Weisman, Robert. "Tech-as-Commodity Debate Will Be Spring Rage." *Boston Globe*, 3 August 2003.

國家圖書館出版品預行編目資料

IT有什麼明天？／尼可拉斯．卡爾
(Nicholas G. Carr) 著；
杜默譯.-- 初版.--
臺北市：大塊文化，2004 [民 93]
面：　　公分.--(Touch ; 40)
譯自：Does IT Matter? Information Technology and the
Corrosion of Competitive Advantage
ISBN　986-7600-66-5(平裝)

1. 資訊－管理

494.8　　　　　93012355

105 台北市南京東路四段25號11樓

廣 告 回 信
台灣北區郵政管理局登記證
北台字第10227號

大塊文化出版股份有限公司　收

地址：□□□ ＿＿＿＿市／縣＿＿＿＿鄉／鎮／市／區

＿＿＿＿路／街＿＿段＿＿巷＿＿弄＿＿號＿＿樓

姓名：

請沿虛線撕下後對折裝訂寄回，謝謝！

大塊 LOCUS 文化

編號：TO040　書名：IT有什麼明天？

大塊文化 LOCUS 讀者回函卡

謝謝您購買這本書，爲了加強對您的服務，請您詳細塡寫本卡各欄，寄回大塊出版 (免附回郵) 即可不定期收到本公司最新的出版資訊。

姓名：____________________ **身分證字號：**____________________

住址：____

聯絡電話：(O)____________________(H)____________________

出生日期：______年______月______日 E-mail: ____________________

學歷：1.□高中及高中以下 2.□專科與大學 3.□研究所以上

職業：1.□學生 2.□資訊業 3.□工 4.□商 5.□服務業 6.□軍警公教 7.□自由業及專業 8.□其他

從何處得知本書：1.□逛書店 2.□報紙廣告 3.□雜誌廣告 4.□新聞報導 5.□親友介紹 6.□公車廣告 7.□廣播節目8.□書訊 9.□廣告信函 10.□其他

您購買過我們那些系列的書：

1.□Touch系列 2.□Mark系列 3.□Smile系列 4.□Catch系列 5.□幾米系列 6.□from系列 7.□to系列 8.□tone系列

閱讀嗜好：

1.□財經 2.□企管 3.□心理 4.□勵志 5.□社會人文 6.□自然科學 7.□傳記 8.□音樂藝術 9.□文學 10.□保健 11.□漫畫 12.□其他

對我們的建議：____

____

____

LOCUS

LOCUS

LOCUS

LOCUS